HANDMADE SKIN CARE PRODUCTS

手作專家 ──── 孟孟 ──── 著

安 心 好 用

在家做
頂級保養品

65款　手作保養品、自然美膚皂，
四季配方一次收錄

這是一本讓您簡單擁有美麗的 DIY 手作保養品書。
只要秉持使用的安全守則，
開心的為自己漂亮加分、努力的為家人健康把關，
藉由 DIY 的概念與想法，也為環境多盡一份心力！

我愛手作．簡單的美麗、不減的魅力

　　從我鑽研 DIY 手工皂開始，DIY 保養品也是我不斷嘗試的領域。為什麼呢？相信喜愛手作皂的朋友，對於手工皂都會有一種越做越開心，越買越多的衝勁，像我，買了茶樹純露想做痘痘抗菌皂，卻可以拿出 94g 的茶樹純露 + 蘆薈萃取液 3 克 +2 克甘油 +1 克抗菌劑，做成給兒子清潔臉部後的抗痘噴霧。這兩者就是這麼緊密相近。在這幾年手作潮流的健康與環保概念下，手作保養品逐漸崛起，一路上不斷的教學與分享，學習不同的理念與原料，甚至延伸變化再運用，讓手作的樂趣逐漸擴大，並且能真正運用在生活中。

　　謝謝木馬文化與廣大學員、朋友們對孟孟的支持，再次把簡單的美麗、不減的魅力透過 DIY 保養品帶給大家。在這書本中，做為一名手作家，我們仍舊保有手工皂的環保意識，但又與眾不同；保留樂活的生活，但又不失對生命真誠的態度。善待地球的同時，愛自己、愛家人也善待自己肌膚，這絕對是減法生活的主軸核心表現。生活，將會少了專櫃的瓶瓶罐罐，少了容器多了空間；少了逛街逛專櫃的時間，多了陪伴家人和學習的時間；少了市售化學藥劑的接觸，多了健康自然的魅力。

手作是幸福的，透過手作品是最直接能夠感受到家庭的溫度、與人之間的溫暖。最不愛擦東抹西的老公，冬天一到就會說：「孟孟老師，我的腳跟皮膚會裂。」當老婆的我就知道要趕緊做一罐「乳木關節修護霜」讓他不受龜裂之苦；國一的女兒說：「媽媽，臉有點乾。」老媽子就立馬來一瓶「玫瑰乳液」；國三的兒子說：「媽，長痘痘啦！」當娘的馬上變出「抗痘潔顏慕斯」與「抗痘清爽噴霧」。最愛的母親說：「秋冬天四肢皮膚都會癢會乾。」二話不說「小白花加強保濕精華乳」和「緊緻蛋白面霜」雙手奉上；擁有化工底的父親總是默默在身邊陪伴我，也酷酷的說：「肥皂夠用了，妳有沒有牙膏？」可愛的姊妹們與學生們說：「孟孟老師，我們要做擦了變漂亮的。」來，孟孟老師教你做「抗老除皺精華液」。

　　就算聽到家人的要求，也是樂得拿起原料工具，為他們的需求量身訂做屬於他們的生活保養品，內心深深覺得：手作是一輩子也澆不熄的樂趣，是一輩子不會退休的職業，但我就是很愛這職業。

孟孟

目錄 ··

PART 4 ● 最親密的接觸：化妝水

PART 5 ● 美肌宣言：精華液

PART 1

認識

自製保養品
Skin care

雖然很多人認為 DIY 保養品無法達到化妝品工廠無菌的等級，但由於自製保養品的很多原物料都可以在材料店購得，再加上具有相同邏輯的使用安全守則，所以簡單的保養品因應而生。

　　對我來說，除了喜愛手作保養品的感覺之外，由於每年秋季都是我被過敏糾纏的季節，但 DIY 保養品讓我能在了解自己肌膚問題的狀況下，秉持自己的肌膚自己救的信念，從原料中找到適合自己膚質的材料，不僅原料透明化，還能省下許多不必要的費用；且每款保養品從第一步驟到最後一個步驟所添加的原料，一清二楚，往往價格省又省。所幸如此，每年也能夠平安度過季節換季。

　　手作保養品不需要特別複雜，自己喜歡或是適合什麼原料，自己最清楚了，也免除周年慶排隊買保養品的辛勞、買回來又不一定適合自己的困擾。面對人類的自然老化現象，尋求安全、健康、簡單的對待全身最大的器官——肌膚，相信肌膚也會用美麗的一面誠實對待，追求屬於自己的健康美麗。

如何運用本書

　　這幾年 DIY 手作保養品愈發盛行，許多知名廠商也跟上流行趨勢的腳步，原料越來越多，甚至齊全到目不暇給，在眾多原料當中，該怎麼選擇適合且正確的原料變成一項很重要的課題。

　　● **透明的原料應用**：本書從卸妝、清潔、保養到生活手作小物，每一項作品的原料運用，一清二楚。配方中也會說明適合使用的膚質，讓喜愛手作的朋友不但可以挑選屬於自己的保養品，也能為家人自製，實實在在提供大家參考。

　　● **詳細的步驟說明**：本書每篇章節前，都有概念說明、操作技巧與配方原則，抓住搭配原則後，再從每個作品中發展出因應／適合的配方，才不會一時興起，造成期待添加原料卻加過量的窘境。

　　保養其實很簡單，除了保持良好的生活作息與習慣、注意飲食、多運動、提高代謝機能……等等，外在的寵愛肌膚也不能少，期盼透過本書，讓許多想要著手 DIY 保養品的讀者，能往簡單而不複雜的 DIY 手作保養品之路邁進。

DIY 保養品準備工具

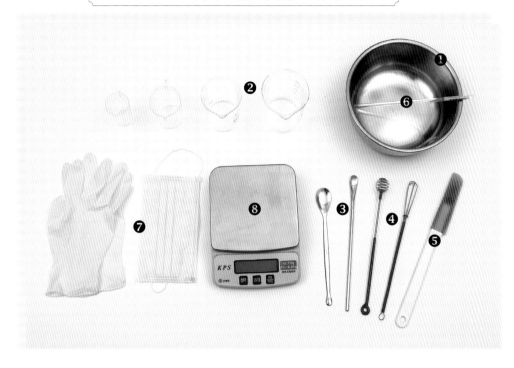

❶**加熱用不鏽鋼小鍋**：常於隔水加熱時使用。

❷**燒杯或量杯**：必須和其他的用途分開，例如不能跟手工皂或是食品工具共用。

❸**塑膠小挖棒**：需要挖取原料時使用。

❹&❻**攪拌棒**：製作作品時攪拌原料使用。

❺**刮刀**：除非製作的量較多，不然都是使用小刮刀，此工具也不能與手工皂或食品工具共用。

❼**手套、口罩**：避免飛沫掉入作品中，保持乾淨衛生。

❽**微量秤**：建議使用小數點第二位的微量秤較好。

❾**消毒酒精**：主要用於消毒工具器材與雙手。

❿**加熱器**：常用的是電磁爐。

⓫**瓶裝容器**：作品完成時裝罐使用，挑選自己喜愛或是適合的容器。

常見相關原料介紹索引

萃取液類簡易說明與功效

原料名稱	說明	適用膚質
魚子醬濃縮精華萃取液	含有維生素 C，具有抗氧化、改善黑色素沉澱、滋潤、強效保濕、修補肌膚細胞、增加皮膚的防護功能，讓皮膚細緻光亮。	老化肌膚 中 / 中偏乾
小黃瓜萃取液	適用全身及臉部肌膚。具保濕美白、收斂毛孔的作用，尤其是油性肌膚生成的面皰或是脂漏性皮膚炎的情況，少許添加對於鎮靜舒緩、改善過敏、曬傷有很好的效果。	油性 中偏油 抑制油脂分泌
輔酶 Q10	具有活化且明亮肌膚功效，抗氧化、降低自由基對肌膚的傷害，增加皮膚彈性、減少皺紋。	油性 / 中偏油 一般肌膚
鳶尾花濃縮萃取液	淡化皺紋、緊緻肌膚、增加肌膚的保水度、適合用於眼部周圍，降低魚尾紋等類似功效，為除皺商品中的高檔原料。	老化肌膚 中偏油 / 中偏乾
乙醯六胜肽	又稱「類肉毒桿菌素」，抑制神經傳導，減少肌肉收縮，達到抗皺效果，適合用於抬頭紋、魚尾紋、眉間皺紋...等。	一般肌膚
甘草萃取液	抑制黑色素的形成與酪胺酸酶的活性，具抗氧化、抗發炎，防止皮膚粗糙與老化的效果，也有美白與保濕功效。	老化肌膚 一般肌膚
金縷梅萃取液	具有收斂效果，可用於毛孔粗大或是容易發炎的肌膚，常用於痘痘肌中的有效成分添加。	油性肌膚 中偏油

薏仁萃取液	美白、改善皮膚粗糙、抑制黑色素生成,有效提升肌膚本身的保濕能力,是常見用於美白的原料之一。	一般肌膚
維他命 C 磷酸鎂鹽	維他命 C 的衍生物,抑制酪胺酸酶的活性,同時也會抑制黑色素的形成,達到美白效果。	油性肌膚 一般肌膚
人蔘萃取液	幫助肌膚保濕、抗老化、加強肌膚細胞再生功能,延緩肌膚老化,加強皮膚彈性。	一般肌膚 油 / 中性肌膚
綠茶萃取液	含豐富的多酚、兒茶素,抗氧、抗老化、抗自由基,促進新陳代謝,加強皮膚彈性,改善鬆弛肌膚。	一般肌膚 油性肌膚
蘆薈萃取液	富含多種胺基酸、礦物質、黏多醣體,對於保濕與柔軟肌膚、收斂油脂毛孔、鎮靜發炎曬傷皮膚,都有很優異的功能。	一般肌膚
蠟菊萃取液	蠟菊又稱不凋花或是永久花,可增加皮膚的活化效能,延緩老化,明亮肌膚。	老化肌膚 中偏油 / 中偏乾
洋甘菊萃取液	鎮定、抗發炎,又能抑制黑色素合成,並可改善敏感肌膚、濕疹或是油性肌的面皰、增加彈性。很適合乾性或是敏感性肌膚,是一款很適合製作肌膚調理保養品的原料。	敏感肌膚 中 / 乾肌膚 油性肌膚
抗斑植物萃取液	由多種植物萃取,複合植物中含有艾菊、檸檬、楊柳...等等,親膚性好、抗過敏、美白、降低黑色素形成。	油性肌膚 中偏油
紅酒萃取液	含白藜蘆醇天然的抗氧化劑,中和自由基,能穩定細胞膜上分佈的膠原蛋白。抗自由基抗老化,增加皮膚光澤與彈性,因此常被說具有美白亮皙肌膚的效果。但敏感性肌膚須注意添加。	一般肌膚 油性肌膚

蠶絲蛋白原液	保濕效果極好，具有加強保水度的功效，加速傷口癒合，能改善乾燥與粗糙肌膚，促進膠原蛋白增生，提高肌膚彈性。可使用於面皰、受傷或發炎肌膚的相關保養品。	一般肌膚
美白九胜肽	抑制酪胺酸酶形成，進而防止黑色素形成，達到明亮美白肌膚，另可分解曬斑，達到抗老化功能。	一般肌膚 油性肌膚
蝸牛黏液萃取	緊緻毛孔、促進新陳代謝，提高抗氧化活性、延緩老化速度，降低自由基的傷害，加速修復皮膚損傷、提高皮膚彈性，增加皮膚光澤度。	老化肌膚 中偏油／中偏乾
膠原蛋白	增加皮膚中膠原蛋白的含量，提高肌膚彈性、加強保水功能，進而得到保濕的功效。	老化肌膚 油／一般肌膚 中／乾性肌膚
神經醯胺	號稱鎖水之王，為修復角質細胞功能的保濕劑。提高肌膚保水性，間接減少皺紋產生，達到彈性鎖水保濕肌膚的功效。	老化肌膚 油／一般肌膚 中乾性肌膚
四胜肽	具有抗水腫的功效，且能恢復皮膚彈性，又有抗斑抗老化的效果。除了可以減緩眼袋的效果之外，還有能改善細紋緊實肌膚的優點。	老化肌膚 一般肌膚 中乾性肌膚
海萵苣精華	提供皮膚濕潤柔嫩的功效，加強修護與提供深層水分保濕功能。	一般肌膚 中乾性肌膚
左旋 C 粉	在醫學美容中最大的功效是抗自由基、抗氧化又能預防老化，且還原皮膚中的黑色素、淡化黑斑，讓肌膚看起來明亮白皙，又能刺激膠原蛋白生成，不刺激又溫和。	一般肌膚 中／油性肌膚

藍銅胜肽 (粉狀)	改善細紋淡化疤痕，提高刺激膠原蛋白和彈力蛋白製造，並能刺激葡萄糖聚胺 (GAGs) 產生，間接幫助皮膚慢慢恢復自我修補的能力。	老化肌膚 乾性肌膚

 貼心小叮嚀 ─────────────────────

使用萃取液除了希望能達到功效之外，還是需要注意購買原料的適用度，選擇適合自己膚質的原料。原料的添加比例，必須依循廠商提供的安全使用範圍添加。保存方法部分，有些尚未製成作品的原料需要放置冷藏，也千萬別忘記放入冷藏保存...等等。

* 每款原料添加的比例不盡相同，購買製作時請清楚詢問添加比例，避免過量

水量的選擇：純露類簡易說明

大馬士革玫瑰純露	用途最廣，最為大眾所知的玫瑰純露，如同保濕劑般，為肌膚補水、均勻膚色、美白，並且保持皮膚的水分。
岩玫瑰純露	延緩老化，使肌膚光滑細緻，對於肌膚上細小傷口的修復效果也不錯。
天竺葵純露	可單獨使用於油性、痘痘、粉刺肌膚，不但可以控油又能幫助肌膚補水，具有消炎清涼的效果，也能與其他純露調和做出不同功能的肌膚調理水。
千葉玫瑰純露	同樣有玫瑰的美白保濕功效，其中千葉玫瑰較溫和，也適合乾性或敏感肌使用，能改善粗糙增加柔嫩感。
橙花純露	具有活化細胞功能，提升肌膚彈性，適合油性或痘痘肌膚，也適用於老化暗沉肌膚，過於乾性的肌膚最好搭配純水或是其他純露調和使用。
德國洋甘菊純露	可鎮靜消炎，對於敏感肌膚或是問題肌膚也能得到舒緩，可癒合傷口，對於皮膚濕疹、搔癢...等肌膚問題都能有減輕症狀的幫助。
羅馬洋甘菊純露	此款更適合幼兒，甚至敏感型肌膚或是幼兒沐浴可加些許調和使用，也能處理於皮膚的曬傷、燙傷、粉刺、收斂效果也很有效。
乳香純露	抗衰老、保濕、細緻、緊緻、軟化肌膚，也有抗皺、促進皮膚再生的功能。適合成熟、偏乾膚質。
茶樹純露	抗菌、促進皮膚修復、收斂、控制油脂分泌。又能促進肌膚再生，抑制痘痘生長，讓皮膚乾淨健康。適合所有膚質
迷迭香純露	有效深層清潔，緊緻皮膚，縮小毛孔。同樣適合油性與痘痘肌膚，具有抗氧化的特性，也是調理肌膚與頭皮的多功效純露。敏感肌膚者須避免。

薰衣草純露	適合所有膚質，且敏感肌膚也能使用的純露，有調理清潔、增加清涼感受、抗炎、平衡油脂分泌的功能。對於小傷口亦能促進迅速癒合，加快細胞再生，尤其適合混合性／油性／痘痘肌的作品搭配。
永久花純露	明亮膚色、有效加強受傷疤痕的組織細胞再生，對於美白與修復的效果很好，適合用於油性與已經生長痘疤的肌膚。

 貼心小叮嚀

各款純露除了基本特色功效，再加上芬香的味道，往往受到手作族群的喜愛。但在這裡提醒喜愛手作保養品的讀者們，即便純露幾乎適用於任何肌膚，但純露本質偏酸性，對於正在過敏或是容易過敏的朋友，使用純露時，應該先用純水調和，觀察肌膚反應，再進一步確認配方的適合度才是安全正確的。

* 本書中使用純露量可以全都使用純水代替，或是其中一半用純水稀釋，再製成作品。

 自製保養品的注意事項

1. **消毒步驟**：工具消毒、容器消毒、工作桌面消毒、手部消毒。
2. **明確了解配方原則**：總水量、有效機能成分與保濕成分……等，各配方分別需要的克數。
3. **購買時注意**：每款原料購買添加的比例需清楚明白。
4. **測試**：完成作品後先在手肘內側測試，無問題後再少量用於頸部，進階再用於臉部才安全。若產生發紅、癢或異於平常狀況，應停止使用，回頭檢視是否製作時有添加過量或是原料不適合，有必要時請務必就醫，一切以安全為主。

PART 2

清潔首部曲
卸妝
Remover

我們一般卸妝時使用的卸妝油，是以「油」去除臉部的附著物，其原理就是「溶離」。真正好的卸妝產品即是「油」，雖然油脂不容易洗掉，但是油脂中增加了卸妝液溶離原料與油垢，再經過乳化的程序，就可以用清水直接沖洗乾淨，讓髒東西不易殘留在肌膚與毛孔中。

對於化妝和不化妝的使用者來說，差別如下：

不化妝的人：平常空氣中的髒污和肌膚上的油脂附著於皮膚上，混合一段時間後也不容易直接洗乾淨，因此沒有化妝的人在洗臉之前，也需要使用卸妝步驟來溶離油垢，讓臉部更乾淨。沒有化妝的人使用這樣的步驟，嚴格來說叫做「潔膚」。選擇溫和的配方，對於不論有無化妝的朋友皆是很好的選擇喔！

化妝的人：保養品與彩妝附著在臉上後約 8 個小時是平均正常上妝時間，經過長時間的活動與皮脂分泌，加上空氣中的髒污和臉上的妝品混合在一起，要直接洗淨是很困難的。洗淨去除化妝的過程稱為「卸妝」，這個洗淨的過程中所需的方式稱為「乳化」。

原料操作概念與小技巧

透明乳化劑，該原料目前在許多手工皂原料店或是 DIY 保養品原料店都可以購得。雖然功能相同，但名稱不同，切記購買時跟店家詢問清楚使用方式與添加比例，以免買到後卻無法正確使用。

製作卸妝油作品常見的乳化劑名稱：透明乳化劑與卸妝乳化劑。

這兩款都是能製作卸妝系列的作品原料。另外，製作卸妝水跟卸妝凝膠作品的原料名稱也非常相近，但是在作品呈現的型態上卻有很明顯的差異，這部分必須在購買時向店家詢問清楚，該原料是與油相配合製作，或是直接與水相使用？確定清楚後才能確實無誤的製作正確作品。

原料	搭配	功用
卸妝乳化劑 或是透明乳化劑	與油相配合	製作卸妝油
卸妝乳化劑 (液型)	與水相配合	製作卸妝水 或是卸妝凝膠

❶ 卸妝油 = 卸妝乳化劑 + 油

針對有化妝的使用者，配方中使用含油量較高的比例，不但可以留下植物油的功效，也相對溫和，可達到保濕的效果。

另外，肌膚偏乾的人，也適合選擇用卸妝油清除一天的臉部髒污。

❷ 卸妝水 = 卸妝乳化劑 (液型)+ 水

針對不上妝、油性肌膚，或是無法使用油脂卸妝的朋友設計。原料單純，但是缺點是容易卸不乾淨，除非一碰油脂就長痘痘者較沒得選擇，否則還真的比較推薦卸妝油。

❸ 卸妝凝膠 = 凝膠類 + 水 + 卸妝乳化劑 (液型)

以不愛油膩膩、肌膚超油、淡妝、只有上隔離霜的朋友適合。卸妝凝膠停留在肌膚上的時間必須比其他兩項作品還要久一點，比較沒有耐心等待的朋友還是得斟酌選擇，以免卸不乾淨又浪費時間製作與原料購買的費用了。

　　不管是何種卸妝用品，將卸妝油 / 卸妝水 / 卸妝凝膠倒出約 50 元硬幣量，均勻且適量塗抹於臉部，由下往上，由內往外，用雙手指腹輕柔按摩約 1-2 分鐘，再掌心約裝些許水量，繼續按摩臉部，讓方才的卸妝類作品與水盡量混合均勻，達到乳化的效果，進而用大量的清水清洗臉部。

清潔首部曲
卸妝
Remover

清爽柔膚卸妝油

適用

中性
中偏油

原料	使用量 (g)	百分比 (%)
透明乳化劑	10g	10%
葡萄籽油	90g	90%
合計	100g	100%

保存方法：完成作品起至二個月。請放置乾燥陰涼處

步　驟

1. 使用酒精消毒容器、攪拌棒與燒杯。
2. 將兩項原料依序裝入燒杯中。
3. 將原料攪拌均勻。
4. 裝瓶，完成。

原料解碼

葡萄籽油是生活中常見的油脂，不管是食品、作皂，甚至是保養品，常常都可以看到它的蹤影。卸妝油常使用葡萄籽油，其特色是較一般常見油脂清爽，且乳化效果好，很適合偏油性肌膚的讀者使用。

葡萄籽油在肌膚上的功效比較強大的是：抗氧化、柔軟肌膚、溫和，且滲透力佳又能對抗自由基，加速細胞生成，促進新陳代謝，間接達到美白效果。

潔淨舒緩潤膚卸妝油

適用膚質

中性
中偏油

原料	使用量 (g)	百分比 (%)
透明乳化劑	15g	15%
山茶花油	50g	50%
葡萄籽油	35g	35%
合計	100g	100%

保存方法：完成作品起至二個月。請放置乾燥陰涼處

步　驟

1. 使用酒精消毒容器、攪拌棒與燒杯。
2. 將三項原料依序裝入同一燒杯中。
3. 將原料攪拌均勻。
4. 裝瓶，完成。

2.

3.

4.

原料解碼

對於油性肌膚的朋友們來說，到了夏天油脂分泌旺盛，要選擇清爽又具有滋潤修護型的油品實在很煩惱，而山茶花油正好擁有這樣的特性。

山茶花油同時具有修護與滋潤的效果，但清爽不油膩，油脂包覆力比橄欖油差一些，對於肌膚而言不會感到悶厚。此款配方適合的對象很廣泛，可以讓中性、中偏油、油性肌膚的朋友從春季一路用到秋季。

清潔首部曲
卸妝
Remover

玫瑰美白卸妝水

適用膚質

一般肌膚

原料	使用量 (g)	百分比 (%)
卸妝乳化劑 (液型)	6g	6%
甘油	3g	3%
玫瑰純露	91g	91%
合計	100g	100%

保存方法：完成作品起至二個月。請放置乾燥陰涼處

步 驟

1. 使用酒精消毒容器，攪拌工具與燒杯。

2. 秤量原料裝於燒杯中攪拌均勻。

3. 裝瓶，搖晃均勻即可使用。

原料解碼

玫瑰純露具有美白保濕效果，是普遍性最高最受歡迎的
純露。搭配使用的原料是「純露」，並非油脂。因此選
擇乳化劑要分辨該乳化劑是適合添加水相還是油相喔！

清潔首部曲
卸妝
Remover

洋甘菊抗敏卸妝水

適用膚質

中性
敏感性肌膚

原料	使用量 (g)	百分比 (%)
卸妝乳化劑 (液型)	6g	6%
洋甘菊萃取液	1g	1%
洋甘菊純露	93g	93%
合計	100g	100%

保存方法：完成作品起至二個月。請放置乾燥陰涼處

步 驟

1. 三項原料依序置於燒杯中。
2. 搖晃均勻，即可裝瓶使用。

原料解碼

洋甘菊萃取液適用範圍很廣，對於油性肌膚或是敏感型肌膚，甚至痘痘肌膚都能使用洋甘菊萃取液。主要能鎮定、抗發炎，又能抑制黑色素合成，並可改善敏感肌膚、濕疹或是油性肌的面皰、增加彈性。

蘆薈鎮定清爽卸妝凝膠

適用膚質
油性
中偏油肌膚

原料	使用量 (g)	百分比 (%)
玫瑰純露	50g	50%
蘆薈凝膠	43g	43%
卸妝乳化劑 (液型)	6g	6%
抗菌劑	1g	1%
合計	100g	100%

保存方法：完成作品起至二個月。請放置乾燥陰涼處

步 驟

1. 將玫瑰純露與蘆薈凝膠分別依序倒入燒杯中攪拌均勻。

2. 倒入卸妝乳化劑 (液型) 於燒杯中，與步驟一的原料攪拌均勻。

3. 加入抗菌劑後繼續攪拌均勻。

4. 確實攪拌後即可裝瓶使用。

原料解碼

蘆薈具有收斂、柔軟肌膚、美白、抗發炎、保濕等許多功效，而玫瑰純露最令大眾所知的美白與保濕，兩者搭配使用是讓蘆薈膠均勻散布在純露的水分中，給予肌膚養分。

金盞花低敏卸妝凝膠

適用膚質

中偏乾
乾性肌膚

原料	使用量 (g)	百分比 (%)
洋甘菊純露	49g	49%
金盞花萃取液	1g	1%
玻尿酸凝膠	43g	43%
卸妝乳化劑 (液型)	6g	6%
抗菌劑	1g	1%
合計	100g	100%

保存方法：完成作品起至二個月。請放置乾燥陰涼處

步　驟

1. 將洋甘菊純露、金盞花萃取液與玻尿酸凝膠依序倒入
   燒杯中攪拌均勻。

2. 倒入卸妝乳化劑於燒杯中，繼續與步驟一攪拌均勻。

3. 加入抗菌劑後繼續攪拌均勻。

4. 確實攪拌後即可裝瓶使用。因此作品完成後的型態屬
   於膠狀，可以直接倒入霜盒中使用，亦可裝入食品用
   的三明治袋或是擠花袋，在尾段剪一小段後擠入膏管。
   (裝袋前、剪刀請先噴酒精消毒)

配方運用

配方原料中使用玻尿酸凝膠 43g，若手邊有蘆薈凝膠，
亦可用蘆薈凝膠代替。本書第七章中，另有教各項 DIY
凝膠，可以取用手邊適合且方便的原料運用。一方面可
以增加 DIY 樂趣，也可將購得或製作出來的原料，另外
於其他用途製作。

奢華玫瑰護膚卸妝油

適用膚質

所有膚質
尤其乾性
過敏性肌膚

原料	使用量 (g)	百分比 (%)
透明乳化劑	15g	15%
玫瑰果油	35g	35%
摩洛哥果油	50g	50%
合計	100g	100%

保存方法：完成作品起至二個月。請放置乾燥陰涼處

步　驟

1. 使用酒精消毒容器、攪拌棒、滴管與燒杯。
2. 將三項原料依序裝入燒杯中。
3. 將原料攪拌均勻。
4. 裝瓶，完成。

原料解碼

玫瑰果油是保養肌膚很珍貴的油品之一，雖然是油脂但是相當溫和，就算肌膚乾燥、缺水、細小傷口，玫瑰果油都可以達到滋潤保濕和淡疤淡斑的效果。

也因為效果顯著，本書第八章中的抗皺修護隨身護膚油，就是使用玫瑰果油設計的一款萬用護膚油經典款。

✿ 橄欖滋潤卸妝油

適用膚質
乾性肌膚專屬

原料	使用量 (g)	百分比 (%)
橄欖油	90g	90%
透明乳化劑	10g	10%
合計	100g	100%

步 驟　把原料於燒杯中秤量後裝瓶，搖晃均勻即可使用

原料解碼　**橄欖油：**保濕能力較佳，對乾性肌膚或秋冬季節都很適。

✿ 明亮美肌卸妝油

適用膚質
暗沉肌膚專屬

原料	使用量 (g)	百分比 (%)
杏桃核仁油	40g	40%
甜杏仁油	45g	45%
卸妝乳化劑	15g	15%
合計	100g	100%

步 驟　把原料於燒杯中秤量後裝瓶，搖晃均勻即可使用。

原料解碼　**杏桃核仁油與甜杏仁油：**這兩款油脂搭配能增加肌膚明亮感，對於暗沉、乾性、敏感肌的朋友，秋季搭配很適合。

PART 3

療癒的泡泡
潔面慕斯
Clean Mousse

皮膚是全身最大的器官，正確適當的清潔，是保養環節中最重要的步驟。

泡沫小而細緻是本篇潔面慕斯最大的重點，液態起泡劑經過慕斯頭加壓後，通過一層篩網而產生出來的泡沫，細緻程度遠高於用手直接搓出來的效果。因此使用科學原理的慕絲頭透過按壓、擠壓、通過篩網產生的泡沫，讓潔顏慕斯在 DIY 保養品中迅速得到的喜愛。其中主要原因便是：泡沫細緻，能夠徹底進入毛孔，達到潔淨皮膚的效果。直接起泡，不須擔心潔顏用品直接接觸肌膚造成起泡不完全，導致殘留臉部。

在配方上，除了孟孟兩本拙作《超想學會的手工皂》與《孟孟的好好用安心皂方》中，都有詳細說明洗顏皂與溫和配方的作品，在本書中則較著重於液體起泡潔顏的部分。選擇安全優質的起泡劑和純露，是配方中最大的運用變化，甚至可以搭配具有功效的精華萃取液，加強潔面慕斯的功能，清潔的同時也一起保養。

原料操作概念與小技巧

液體起泡劑琳瑯滿目，製作作品時該如何選擇適合的起泡劑達到清潔效果，且最適合自己肌膚的原料才是重要。以下簡單介紹 DIY 原料中常見的清潔液體起泡劑與適用區塊，正確製作出適合且不刺激的洗臉慕斯。

❶ **氨基酸起泡劑**：溫和低刺激性，是製作身體肌膚最適合的起泡原料。因為很接近肌膚的 PH 值，所以常常用在洗面慕斯原料中。

❷ **甜菜鹼起泡劑**：是清潔用品中常見的溫和型起泡劑，較不建議使用在脆弱與敏感型的肌膚上，如果是皮脂分泌較旺盛、偏油性肌膚的朋友可以試試看。當然價格比氨基酸起泡劑便宜許多。

❸ **植物萃取起泡**：比氨基酸起泡劑更接近皮膚 PH 值，不刺激的溫和特性更適合過敏與乾性肌膚。雖然質地溫和，但不適合高比例製作於油性肌膚中，會有洗不乾淨的感覺。

❹ **橄欖油起泡劑**：這是一款更安全，更低刺激性的起泡劑，親膚性非常好，但須注意其 PH 值偏低，適合使用的肌膚同樣是偏敏感、乾性與偏乾性。

如何選擇起泡劑？材料的販售的起泡劑很多，首先，要先明確了解製作什麼樣的作品後，再來選擇起泡劑才不會買錯。舉例來說：

❶ **想要製作家庭清潔用品**：選擇清潔度高的椰子油起泡劑，或是常見又不貴的甜菜鹼起泡劑。

❷ **想要做油性肌膚的洗面慕斯**：清潔度不過高的氨基酸起泡劑，和甜菜鹼起泡劑便可。

❸ **想要製作乾性或是敏感型肌膚的洗面慕斯**：這類型肌膚選擇就要比較注意，最好是選擇接近皮膚 PH 值的起泡劑，例如植物性起泡劑、橄欖油起泡劑、玉米油起泡劑……等等。

購買時可以詢問店家起泡劑的 PH 值，或是標籤上括號的百分比，這是製作清潔用品時的重要依據。

當然，配方中的比例調整是必要的，通常因為個人肌膚細節問題或是季節改變稍作修正、微調、搭配，所以在製作作品前，要先多多了解同樣是起泡劑，但用途卻大不同的差異性，甚至原料中互相搭配的各項優缺點效果喔！

療癒的泡泡
潔面慕斯
Clean Mousse

彈力凍齡抗老慕斯

適用膚質

中偏乾
乾性肌膚

原料	使用量 (g)	百分比 (%)
玫瑰純露	61 g	61%
橄欖油起泡劑	20 g	20%
氨基酸起泡劑	10 g	10%
甘油	3 g	3%
人蔘萃取液	5 g	5%
抗菌劑	1g	1%
合計	100g	100%

保存方法：完成作品起至 1.5 個月。請放置乾燥陰涼處

步 驟

1. 使用酒精消毒容器、工具與燒杯。
2. 將以上原料分別裝入燒杯中。不需先攪拌，避免產生許多泡泡而無法裝瓶。
3. 將燒杯中的原料小心倒入慕斯瓶。
4. 蓋上慕斯頭裝瓶，搖晃均勻，完成。

2.

原料解碼

橄欖油起泡劑與氨基酸起泡劑，兩者的差異在於橄欖油起泡劑更溫和，且刺激性更低，如果想要讓肌膚清潔後具有滋潤性，則在配方中 30% 的起泡劑比例中，讓橄欖油起泡劑佔一半以上。反之，如果想要具有較好的清潔力，則在 30% 的起泡劑比例中，讓氨基酸起泡劑佔比例的一半以上。

例如：氨基酸起泡劑20%＋橄欖油起泡劑10%，其餘不變。

療癒的泡泡
潔面慕斯
Clean Mousse

青春茶樹抗痘潔顏慕斯

適用膚質
中偏油
油性
痘痘肌膚

原料	使用量 (g)	百分比 (%)
茶樹純露	63 g	63%
氨基酸起泡劑	30 g	30%
綠茶萃取液	3g	3%
蘆薈萃取液	3 g	3%
抗菌劑	1g	1%
合計	100g	100%

保存方法：完成作品起至 1.5 個月。請放置乾燥陰涼處

步　驟

1. 使用酒精消毒容器、工具與燒杯。
2. 將以上原料依序裝入燒杯中。不需先攪拌，避免產生許多泡泡而無法裝瓶。
3. 將燒杯中的原料小心倒入慕斯瓶。
4. 蓋上慕斯頭裝瓶，搖晃均勻，完成。

倒入瓶中

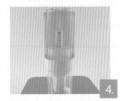

裝瓶完成後也可以倒放讓原料混合均勻

原料解碼

茶樹純露能清潔與殺菌，凡是能想到的生活狀況，幾乎都可以搭配使用。痘痘肌膚者使用再適合不過，但如果肌膚屬油性，也有敏感或易過敏的因素存在時，可以與薰衣草純露稍微調和。

綠茶萃取液能抗氧化，與蘆薈萃取液中的抗發炎，都對痘痘與油性肌膚有不錯的功效。不加甘油的原因是甘油具有保濕功效，痘痘肌加上保濕滋潤度太高，可能更容易長痘。

療癒的泡泡
潔面慕斯
Clean Mousse

永久花抗老美顏慕斯

適用膚質
老化
乾性或
過敏肌膚

原料	使用量 (g)	百分比 (%)
純水	61 g	61%
植物萃取起泡劑	15 g	15%
氨基酸起泡劑	15 g	15%
蠟菊萃取液	2 g	2%
洋甘菊萃取液	1 g	1%
甘油	5 g	5%
抗菌劑	1g	1%
合計	100g	100%

保存方法：完成作品起至 1.5 個月。請放置乾燥陰涼處

步 驟

1. 使用酒精消毒容器、工具與燒杯。

2. 將以上原料分別裝入燒杯中。不需先攪拌，避免產生許多泡泡而無法裝瓶。

倒入蠟菊萃取液

3. 將燒杯中的原料小心倒入慕斯瓶。

4. 蓋上慕斯頭裝瓶，搖晃均勻，完成。

倒入洋甘菊萃取液

原料解碼

此款慕斯原本就是設計給容易過敏的朋友，所以在純露的部分選擇使用純水，不是不好喔，而是為了降低過敏機率，因純露本質偏酸，容易提高過敏的誘發機率。

療癒的泡泡
潔面慕斯
Clean Mousse

明亮白皙紅酒洗顏慕斯

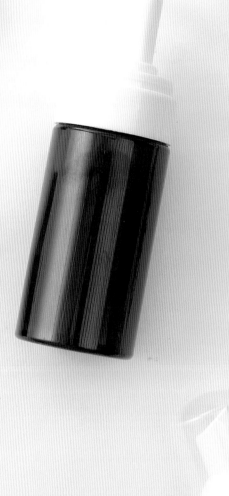

適用膚質

油性肌膚

原料	使用量 (g)	百分比 (%)
乳香純露	60g	60%
植物萃取起泡劑	20 g	20%
氨基酸起泡劑	10 g	10%
抗斑植物萃取液	3g	3%
紅酒多酚萃取	1 g	1%
玻尿酸原液	5 g	5%
抗菌劑	1g	1%
合計	100g	100%

保存方法：完成作品起至 1.5 個月。請放置乾燥陰涼處

步　驟

1. 使用酒精消毒容器、工具與燒杯。
2. 將以上原料依序裝入燒杯中。不需先攪拌，避免產生許多泡泡而無法裝瓶。
3. 將燒杯中的原料小心倒入慕斯瓶。
4. 蓋上慕斯頭裝瓶，搖晃均勻，完成。

原料解碼

紅酒多酚萃取會讓肌膚變明亮，可抗氧化，但質地偏酸，還是需要注意一下。

其中添加了保溼元素，也就是玻尿酸原液，但如果手邊沒有玻尿酸原液，可以選擇使用甘油，或者不添加玻尿酸原液也可以！若不添加玻尿酸原液，請將原本的 5g 移動到純露，純露 60g 增加到 65g。

療癒的泡泡
潔面慕斯
Clean Mousse

蠶絲蛋白修護洗面慕斯

適用膚質
一般肌膚

原料	使用量 (g)	百分比 (%)
玫瑰純露	60g	60%
甜菜鹼起泡劑	30 g	30%
蠶絲蛋白原液	2 g	2 %
薏仁萃取液	3g	3%
甘油	4 g	4%
抗菌劑	1g	1%
合計	100g	100%

保存方法：完成作品起至 1.5 個月。請放置乾燥陰涼處

步 驟

1. 使用酒精消毒容器、工具與燒杯。

2. 將以上原料分別裝入燒杯中。不需先攪拌，避免產生許多泡泡而無法裝瓶。

3. 將燒杯中的原料小心倒入慕斯瓶。

4. 蓋上慕斯頭裝瓶，搖晃均勻，完成。

倒入蠶絲蛋白原液

倒入薏仁萃取液

原料解碼

蠶絲蛋白滋養皮膚的功效佳，可改善乾燥與粗糙肌膚，使用在頭髮上也有很高的評價，最令人喜愛的是對於燙染頭髮與受損毛鱗片都有修復的功效！

療癒的泡泡
潔面慕斯
Clean Mousse

夏季清爽潔面慕斯

適用膚質

油性
一般肌膚

原料	使用量 (g)	百分比 (%)
羅馬洋甘菊純露	34g	34%
薰衣草純露	20 g	20%
甜菜鹼起泡劑	30g	30%
甘草萃取液	5g	5%
蘆薈萃取液	5g	5%
甘油	5 g	5%
抗菌劑	1g	1%
合計	100g	100%

保存方法：完成作品起至 1.5 個月。請放置乾燥陰涼處

步 驟

1. 使用酒精消毒容器、工具與燒杯。
2. 將以上原料依序裝入燒杯中。輕輕攪拌，避免產生許多泡泡而無法裝瓶。
3. 將燒杯中的原料小心倒入慕斯瓶。
4. 蓋上慕斯頭裝瓶，搖晃均勻，完成。

原料解碼

除了搭配兩款純露之外，萃取液也添加了具有消炎且適合夏季使用的蘆薈萃取液。

夏天時肌膚油脂分泌較旺盛，甘草萃取液也具有美白跟抗過敏抗氧化的效果。此配方中的萃取液總量為 10%，必須注意的是，其他性質肌膚需要把萃取液類的總量降低到 5% 比較安全。

而起泡劑部分，油性肌膚使用甜菜鹼起泡劑或是氨基酸起泡劑都可，但其他膚況的朋友，可以使用較溫和的橄欖油起泡劑或是植物性起泡劑來做搭配。

玫瑰美白潔顏慕斯

適用膚質

中性
中偏乾

原料	使用量 (g)	百分比 (%)
玫瑰純露	61 g	61%
植物萃取起泡劑	20 g	20%
氨基酸起泡劑	10 g	10%
甘油	5 g	5%
薏仁萃取液	3g	3%
抗菌劑	1g	1%
合計	100g	100%

保存方法：完成作品起至 1.5 個月。請放置乾燥陰涼處

步 驟

1. 使用酒精消毒容器、工具與燒杯。

2. 將以上原料依序裝入燒杯中。不需先攪拌，避免產生許多泡泡而無法裝瓶。

3. 將燒杯中的原料小心倒入慕斯瓶。

4. 蓋上慕斯頭裝瓶，搖晃均勻，完成。

2.

4.

甘油又稱為丙三醇，是 DIY 保養品中常見的保濕劑，溶於水與油，添加的範圍很廣，價位親民又具有良好的保濕效果。作品中，油性肌膚使用甘油的比例為 5% 以下，乾性與偏乾性使用比例 5%~10% 都是可以接受的範圍。

薏仁萃取液中含有豐富的薏仁醇、胺基酸與維生素等有效成分，可改善皮膚粗糙與淡化色素美白肌膚，也具有良好的保濕效果，添加在洗面慕斯中是一款很符合經濟效益的原料。玫瑰純露的選擇當然是因應美白的需求，不僅可以有保濕、增加皮膚水分的效果，更具有舒緩、美白的優異好處。

單元小教學

在慕斯的配方中，保濕劑、有效機能成分跟水量，在不過量添加之下，可以視自己的喜愛或是需求進行調整。

以《青春期抗痘潔顏慕斯》為例：使用的有效機能成分是綠茶萃取液和蘆薈萃取液，若萃取液的添加比例可以達 5%，想要增加萃取液的濃度可以把兩者萃取液各加到 4g，共 8g，那比原本配方增加 2g，則從純露的 g 數扣除 =63g-2g=61g，這樣總百分比才能維持在 100%。

配方調整比例表格說明：

原料	使用量 (g)	百分比 (%)
茶樹純露	61 g	61%
氨基酸起泡劑	30 g	30%
綠茶萃取液	4g	4%
蘆薈萃取液	4g	4%
抗菌劑	1 g	1%
合計	100g	100%

貼心小叮嚀

此配方的萃取液 8%，已經算是不低的濃度了，但有些朋友在「想要加強」的思考下，會希望將有效成分再多一些，於是會繼續增加萃取液的百分比，例如把綠茶萃取液增加到 10g+ 蘆薈萃取液 10g，這樣的有效機能成分合計就有 20g。在孟孟的製作慕斯經驗與作品合理範圍中的有效成分以不超過 10% 為主，方才的 20% 代表：有效成分濃度偏高了。對肌膚而言不但沒有效果，反而會因為濃度太高增加肌膚的負擔，提高發炎或是紅腫過敏的機率。

不安全的比例：

原料	使用量 (g)	百分比 (%)
茶樹純露	49 g	49%
氨基酸起泡劑	30 g	30%
綠茶萃取液	10g	10%
蘆薈萃取液	10g	10%
抗菌劑	1 g	1%
合計	100g	100%

調整或是運用配方時，不但要確實知道該原料添加的比例之外，也要了解此類似作品配方中的安全有效機能成分可以添加的範圍，才能有效且安全安心的使用。

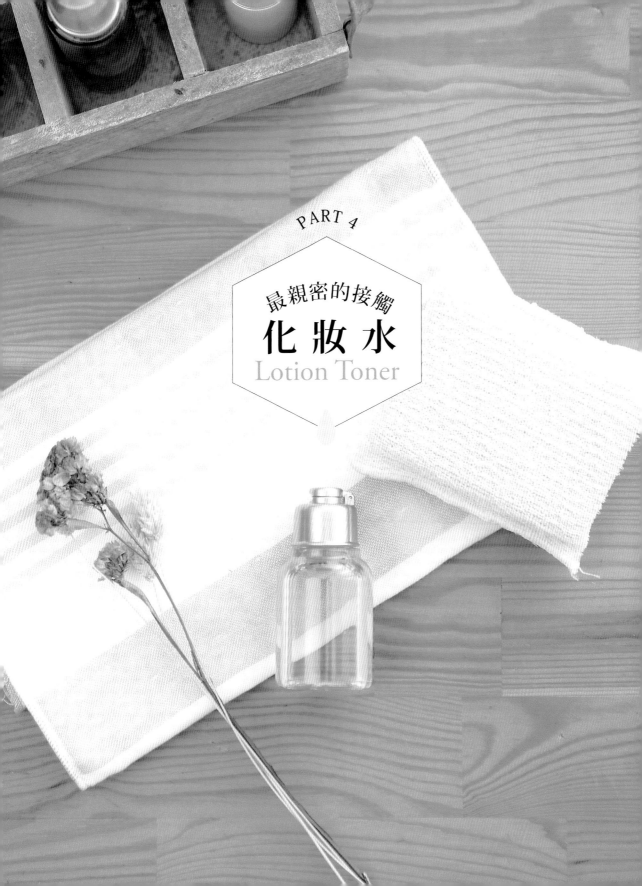

PART 4

最親密的接觸

化 妝 水
Lotion Toner

最親密的接觸
化妝水
Lotion Toner

高貴不貴魚子醬滋養化妝水

適用膚質

中性
中偏乾
老化肌膚

原料	使用量 (g)	百分比 (%)
魚子醬濃縮精華萃取液	3g	3%
小分子玻尿酸原液	5g	5%
抗菌劑	1g	1%
純水	91 g	91%
合計	100g	100%

保存方法：完成作品起至 1.5 個月。請放置乾燥陰涼處

步　驟

1. 使用酒精消毒容器、工具與燒杯。
2. 將以上原料依序從第一項逐一秤量倒入燒杯中。
3. 將燒杯中的原料小心攪拌均勻，再倒入瓶中。
4. 裝瓶，完成。

滴入魚子醬濃縮精華萃取液

倒入小分子玻尿酸原液

原料解碼

真正的魚子醬濃縮精華萃取液是由鱘龍魚中的魚卵取得，並非所有的魚卵都可以使用，產量少價格貴，但美容功效顯著。魚子醬具有豐富的維生素和蛋白質，其中並含有維生素 C，而維生素 C 具有抗氧化功能，能防止黑色素沉澱，且具有滋潤肌膚與強效保濕、修補肌膚細胞、增加皮膚的防護功能，讓皮膚細緻光亮。

純水的部分可以使用純露代替，常用來代替純水是玫瑰純露，或是喜愛適合的純露皆可。

最親密的接觸
化妝水
Lotion Toner

Q10
抗氧化美白化妝水

適用膚質

油性
一般肌膚

原料	使用量 (g)	百分比 (%)
水溶性輔梅 Q10	3g	3%
小黃瓜萃取液	2g	2%
小分子玻尿酸原液	5g	5%
抗菌劑	1g	1%
玫瑰純露	89 g	89%
合計	100g	100%

保存方法：完成作品起至 1.5 個月。請放置乾燥陰涼處

步　驟

1. 使用酒精消毒容器、工具與燒杯。
2. 將以上原料依序從第一項逐一精密秤量倒入燒杯中。
3. 將燒杯中的原料小心攪拌均勻，再倒入瓶中。
4. 裝瓶，完成。

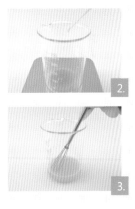

原料解碼

人體細胞中含有 Q10，是維持細胞與組織健康不可或缺的營養素。Q10 具有很強的抗氧化功能，所以廣泛使用在美容科技上，以降低自由基對皮膚與細胞組織的傷害，延緩老化、消除皺紋、增加肌膚彈性，是一種天然的保護劑。

小黃瓜萃取液用在化妝水中是最適合的，讓肌膚舒緩後，得到後續保養的養分，該原料具有柔軟肌膚、保濕美白與鎮定舒緩的功效，也很適合運用在曬後修護與曬後保濕的保養品中。

最親密的接觸
化妝水
Lotion Toner

玻尿酸強效保濕美膚水

適用膚質
一般
中乾性肌膚

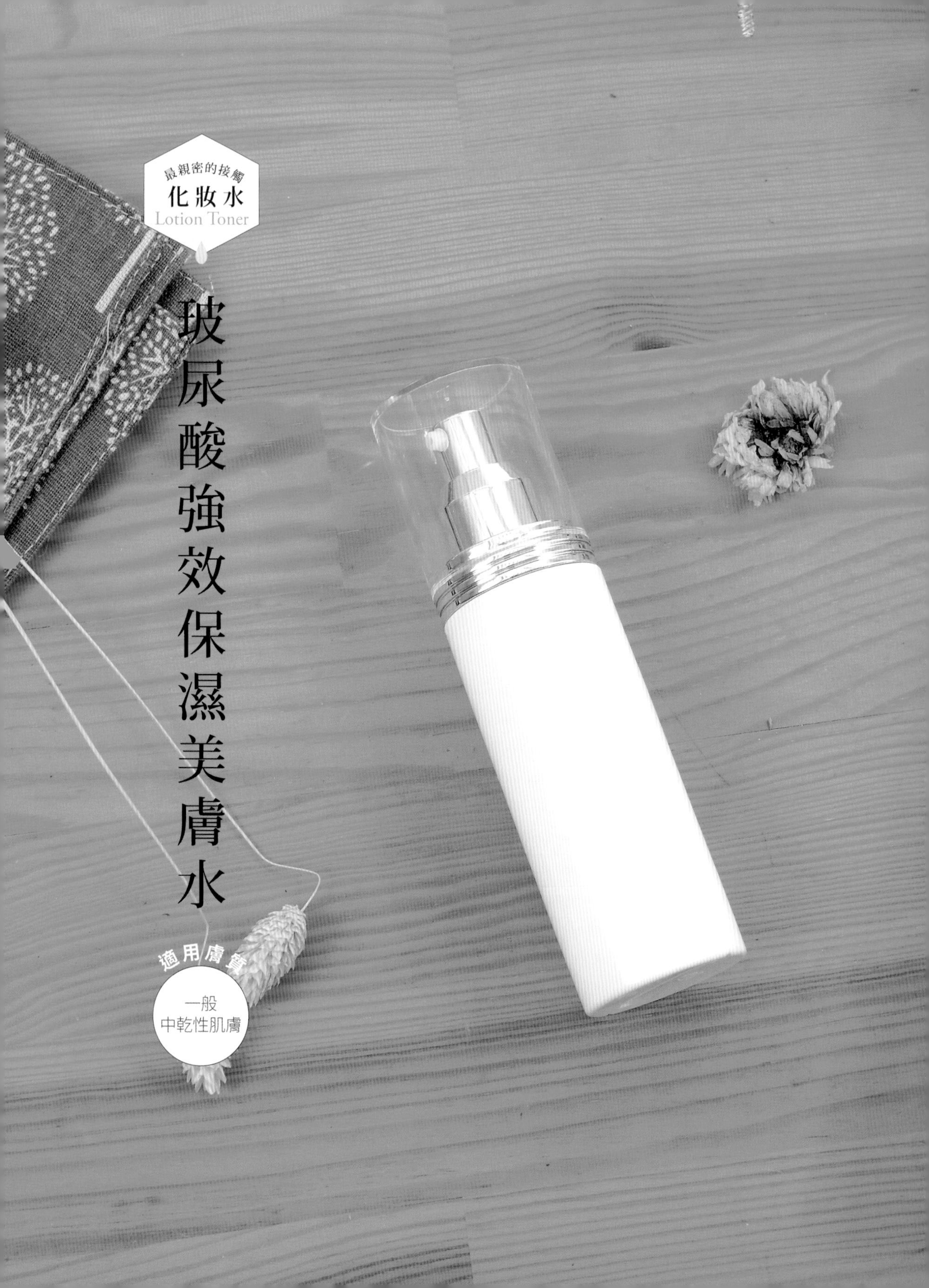

原料	使用量 (g)	百分比 (%)
小分子玻尿酸	5g	5%
甘油	5g	5%
抗菌劑	1g	1%
橙花純露	46g	46%
玫瑰純露	43g	43%
合計	100g	100%

保存方法：完成作品起至 1.5 個月。請放置乾燥陰涼處

步　驟

1. 使用酒精消毒容器、工具與燒杯。
2. 將以上原料依序逐一精密秤量倒入燒杯中。
3. 將燒杯中的原料小心攪拌均勻，再倒入瓶中。
4. 裝瓶，完成。

2.

原料解碼

玻尿酸又稱為透明質酸，具有高度飽水的能力，也就是所謂的「高保濕能力」。玻尿酸、Q10 與神經醯胺一樣，存在於人體中，但隨著年紀增長、肌膚老化，人體內的玻尿酸會越來越少。因而在美容保養，增加肌膚保水度的功能是不可缺少的。

玻尿酸特質是具有「吸水」功能，小分子玻尿酸的分子較小，滲透肌膚的能力較好，把小分子放在化妝水中的用意是先讓肌膚吸水，待後續保養時，再利用原料添加進行「鎖水」，才能將水分有效保留在肌膚中，達到真正保濕的效果。

維他命 C 美肌噴霧

適用膚質

一般
中油性肌膚

原料	使用量 (g)	百分比 (%)
維他命 C 磷酸鎂鹽	2g	2%
薏仁萃取液	2g	2%
甘油	5g	5%
抗菌劑	1g	1%
乳香純露	90g	90%
合計	100g	100%

保存方法：完成作品起至 1.5 個月。請放置乾燥陰涼處

步　驟

1. 使用酒精消毒容器、工具與燒杯。
2. 將以上原料依序逐一精密秤量倒入燒杯中。
3. 將燒杯中的原料小心攪拌均勻，再倒入瓶中。
4. 裝瓶，完成。

攪拌完成，看不到粉狀

原料解碼

原始的維他命 C 在一般的環境下容易氧化變質，較不安定，為了讓維他命 C 功效得以改善，而發展出維他命 C 衍生物，最有效也最受到世界衛生組織肯定的就是維他命 C 磷酸鎂鹽。

它是一種粉狀美白劑，但溶於水，也是衛生署公告的美白成分之一，使用濃度應少於 3%，除了可加強膠原蛋白增生提高肌膚彈性之外，還可以有效進入細胞內層釋放出活性成分，改善暗沉肌膚，恢復明亮。

化妝水
Lotion Toner

鳶尾花抗皺活膚露

適用膚質

乾性
老化肌膚

原料	使用量 (g)	百分比 (%)
鳶尾花濃縮液	3g	3%
六胜肽 (類肉毒桿菌)	2g	2%
小分子玻尿酸原液	5g	5%
抗菌劑	1g	1%
岩玫瑰純露	59g	59%
德國洋甘菊純露	30 g	30%
合計	100g	100%

保存方法：完成作品起至 1.5 個月。請放置乾燥陰涼處

步　驟

1. 使用酒精消毒容器、工具與燒杯。
2. 將以上原料依序逐一精密秤量倒入燒杯中。
3. 將燒杯中的原料小心攪拌均勻，再倒入水瓶中。
4. 裝瓶，完成。

2.

原料解碼

鳶尾花的根莖部位，可以萃取出珍貴的香氛原料，在古羅馬時代鳶尾花已經被使用於醫療用途。因鳶尾花含有豐富的類黃酮，能夠淡化皺紋、緊緻肌膚、增加皮膚的保濕度，搭配六胜肽具有緊實、除皺的功能，讓該作品的抗老化功能能夠更強化。亦可於拍上化妝水後，在眼睛周圍，尤其是魚尾紋與頸部部分，稍微按摩輕輕拍打，讓原料更好吸收。

金縷梅收斂毛孔保濕噴霧

適用膚質

油性
一般肌膚

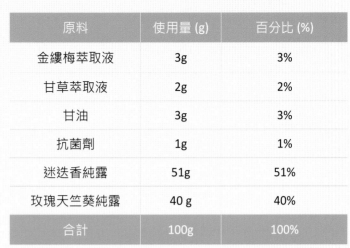

原料	使用量 (g)	百分比 (%)
金縷梅萃取液	3g	3%
甘草萃取液	2g	2%
甘油	3g	3%
抗菌劑	1g	1%
迷迭香純露	51g	51%
玫瑰天竺葵純露	40 g	40%
合計	100g	100%

保存方法：完成作品起至 1.5 個月。請放置乾燥陰涼處

步　驟

1. 使用酒精消毒容器、工具與燒杯。

2. 將以上原料依序從第一項逐一精密
   秤量倒入燒杯中。

3. 將燒杯中的原料小心攪拌均勻，再
   倒入水瓶中。

4. 裝瓶，完成。

金縷梅是油性肌膚中常見的搭配原料之一,具有收斂、消炎、緊膚的效果。金縷梅中含有豐富的單寧,單寧是一種類黃酮,可以抗菌,因此也常用在痘痘肌膚的配方原料裡;同時又有收斂效果,因此也常運用於肌膚油脂平衡的相關作品中。

配方中刻意使用迷迭香純露,最主要的原因是它能作用在皮膚的真皮層,由內而外改善粗糙皮膚。同樣的,玫瑰天竺葵純露是一款保濕劑且適用性很廣,對於粉刺性與敏感性肌膚也具有平衡的功效。若不容易買到玫瑰天竺葵純露,可以用岩玫瑰純露或是洋甘菊純露代替。

其他配方運用

❋ 夏季美白鎮定濕敷水

原料	使用量 (g)	百分比 (%)
迷迭香純露	10g	20%
玫瑰天竺葵純露	10g	20%
德國藍洋甘菊	10g	20%
純水	20g	40%
合計	50g	100%

對於油性肌膚的朋友,迷迭香純露是 DIY 保養品中一個很棒的原料。油性肌膚毛孔較容易粗大,使用迷迭香純露濕敷,能幫助帶出皮膚裡的污垢,又能緊實肌膚。而夏天容易曬傷與產生濕疹,再用一點點純水稀釋,較能安全使用喔!

將配方中所有的純露與純水秤量好後,用化妝棉沾溼,濕敷在臉部或是其他肌膚處約 15 分鐘取下。接下來作正常程序保養即可。

🌼 水嫩修護補水噴霧

原料	使用量 (g)	百分比 (%)
岩玫瑰純露	25g	50%
德國洋甘菊純露	25 g	50%
合計	50g	100%

將岩玫瑰純露與德國洋甘菊純露混合後，用該複方純露濕敷於眼部周圍，增加肌膚中的水分，提高皮膚保濕度。甚至外出遇到細小傷口都能噴上一些，因為岩玫瑰 PH 值偏低，又能促進傷口癒合。

製作與使用方式

將配方中所有的純露與純水秤量好後，裝於適當大小的噴瓶，平日隨身攜帶可以當作保濕噴霧，或是使用於肌膚局部濕敷的保濕露。

PART 5

美肌宣言

精華液
Essence

顧名思義是具有偏高濃度的保養液，同時該作品具有較高的護膚價值，主要是以強調保濕或是高效型的美白、護膚、抗皺、抗老化效果…等等。其中作品原料中要以小分子為主，可以有更好的滲透力，達到個人營養素的需求。

精華液製作的基礎效果建議以保濕為主，等孰悉流程後可以延伸運用到其他功效，如：美白、抗皺、抗老，但每一款精華液選用的原料主要功效要明確，建議挑選 1-2 項為主要訴求，例如：想要加強保濕跟美白，就鎖定這功效，才能準確調製屬於自己與得到明顯感受的保養品。

———— 原料操作概念與小技巧 ————

● **原則 1**：滲透性較好的小分子。精華液配方搭配原則要有滲透性好的小分子，能盡可能協助原料滲透肌膚。

● **原則 2**：無油配方。油脂分子較大，容易將滲透性好的原料阻擋在外，該吸收的卻沒辦法吸收到。因此此類型保養品作品是以水項為主，再決定稠度。

● **原則 3**：有效精華濃度。有效成分不以「多」為主，也就是說一個作品裡面大略偏向 1-2 喜愛的方向，例如：保濕 + 美白；有效精華成分抓 2-3 款，最多 4 款，總添加比例 10% 以下。**切記並不是有效成分款式越多就越好，同理精華液也不是一定要濃稠狀或很濃稠才是好的。**

● **原則 4**：膠狀原料的選擇。這關係到凝膠狀原料與凝膠形成劑的使用選擇。

凝膠形成劑使用的比例：0.3%~2%

凝膠狀原料使用的比例：10%~30%，例如：玻尿酸凝膠或玻尿酸原液 (濃稠狀)
台灣氣候偏熱又潮濕，混合性肌膚的人較多，又因為濕熱，多數人也期待保養品擦起來具有清爽舒適感，在這樣的期待下，製作的型態就依照自己喜愛的來調製成為：清爽不黏膩→可以都是水類，不加任何相關的膠狀物。

當然也有肌膚偏乾的朋友期待具有臉部保濕的存在感，也就是擦起來會有一層保護感在臉上，讓乾燥的肌膚可以得到保護。這類的製作方向就要增加作品的濃稠度，也就是提高凝膠狀或是增稠劑的比例。

✿ 如何調配 1% 玻尿酸原液：

原料	使用量 (g)
玻尿酸粉	1g
純水（或是喜愛的純露）	99g
抗菌劑	1g
合計	101g

步　驟　將以上原料依序裝入燒杯，攪拌均勻即可。

玻尿酸粉不管買到的分子量是多少，保養程序上，最後建議都需要搭配乳液或乳霜，達到鎖水功能和真正保濕的效果。

目前市面上的玻尿酸有分液體狀與粉狀，也有已經調製好的 1% 玻尿酸原液。原料店中能看到不同分子大小的玻尿酸，玻尿酸粉尚未用純露或純水稀釋成 1% 濃度之前，若是用在臉上會造成不舒服，所以在 DIY 原料中，使用玻尿酸原液都是需要事先調製好 1%，才能繼續製作保養品。

原料店中看到的玻尿酸分很多品項，本篇使用的玻尿酸中都是已經調配好的「1%玻尿酸原液」，店家也會有分水狀與濃稠狀，孟孟會在每項玻尿酸中用括號特別註明該配方適合用哪一玻尿酸，避免讀者混淆而添加錯誤，導致濃稠度不如預期。

由於玻尿酸有分水狀和濃稠狀，兩種類型，因此在製作乳液時，為了避免稀釋掉乳液的濃稠感，大多使用濃稠型態的 1% 玻尿酸原液，以增加或是維持稠狀的結構。

至於精華液，則大多使用水狀，也就是未增稠過的玻尿酸原液。

貼心小叮嚀 ————————————————

精華液的濃度偏高，製作後若使用起來肌膚有出現紅腫癢的情況，除了要停止使用作品之外，需要回頭觀察原料的特性與添加量是否正確（註1），也要了解自己肌膚對於哪個原料容易過敏而避免。再來剔除不適合原料、修正配方後再做肌膚測試沒問題後，方能再繼續使用。

往往有朋友期待自己製作的作品，卻因為自己本身肌膚有過敏症狀而繼續使用，導致症狀加劇，造成更大的困擾。這類似的狀況容易在沉浸 DIY 保養品樂趣中忘記，叮嚀自己：自己製作 DIY 保養品的朋友就應該具有肌膚安全測試的觀念喔！

註 1：例如精華液中添加美白的熊果素，購買原料本身添加比例為：5%，製作時沒有特別注意添加比例加了 7%，這樣濃度就高了 2%，超過原料本身建議濃度，在這樣的情況下添加比例的量超過就不正確了。

 製作精華液的小邏輯順序 ————————————————

❶ 選擇出自己喜歡的萃取液。
❷ 萃取液約佔全比例的 8-10%。
❸ 確定是直接使用凝膠形成劑，還是用店家販售的凝膠類 (EX: 蘆薈凝膠或是玻尿酸凝膠)。
　 如果是使用凝膠形成劑，可以先將配方中的一半純露與凝膠形成劑混合後，攪拌成凝膠狀再繼續添加其他原料。若手邊有相關凝膠類甚至是自己 DIY 做好的凝膠，可直接添加於配方中，添加的比例多寡則影響作品的濃稠度喔！添加越多，則配方中的純露就越少，作品則越濃，若期待比較稀狀的作品，則反之。

❹ 全部比例為 100%，扣除萃取液、凝膠類（或凝膠形成劑）、保濕劑的玻尿酸或是甘油（以不超過總比利的 10% 為主）、抗菌劑後，剩餘的則是純露的比例。

❺ 完整寫好配方後再進行製作，才不會手忙腳亂。

強效美白九胜肽精華液

適用膚質
一般
中偏油
油性肌膚

原料	使用量 (g)	百分比 (%)
1% 奈米玻尿酸原液 (稀狀)	20g	20%
玻尿酸凝膠	10g	10%
美白九胜肽精華萃取	5g	5%
薏仁萃取液	5g	5%
抗菌劑	1 g	1%
玫瑰純露	59g	59%
合計	100g	100%

保存方法：完成作品起至 1.5 個月。請放置乾燥陰涼處

步 驟

1. 使用酒精消毒容器、工具與燒杯。

2. 將玻尿酸原液與玻尿酸凝膠兩項
原料裝入 A 燒杯中，攪拌均勻。

倒入玻尿酸原液 (稀狀)

3. 將美白九胜肽精華萃取 + 薏仁萃
取液裝入 B 燒杯中，攪拌均勻。

倒入玻尿酸凝膠

4. 把 B 倒入 A 燒杯，攪拌均勻，
再加入抗菌劑。

5. 把最後的玫瑰純露加入 A 燒杯
中攪拌均勻。裝瓶，完成。

原料解碼

美白九胜肽精華萃取屬於美白類型的有效機能成分，能減
少黑色素的製造，抑制黑色素形成，明亮膚色、保濕滋潤
肌膚、抗老化。若肌膚偏敏感型，配方中就要多加留心美
白原料。

若手邊沒有玻尿酸凝膠，可以用蘆薈凝膠或 DIY 的凝膠類
代替，但須注意個人肌膚的適用性。

近看都不怕毛孔緊緻精華液

適用膚質

一般
中偏油
油性肌膚

原料	使用量 (g)	百分比 (%)
1% 奈米玻尿酸原液	20g	20%
蘆薈凝膠	10 g	10%
綠茶萃取液	3 g	3%
小黃瓜萃取液	5 g	5%
金縷梅萃取液	2 g	2%
葡萄柚籽萃取液	1 g	1%
迷迭香純露	59 g	59%
合計	100g	100%

保存方法：完成作品起至 1.5 個月。請放置乾燥陰涼處

步 驟

1. 使用酒精消毒容器、工具與 2 個燒杯。

2. 將奈米玻尿酸原液與蘆薈凝膠兩項原料裝入 A 燒杯中，攪拌均勻。

3. 將綠茶萃取液 + 小黃瓜萃取液 + 金縷梅萃取液 + 葡萄柚籽萃取液原料裝入 B 燒杯中，攪拌均勻。

4. 把 B 倒入 A 燒杯，攪拌均勻。

5. 把最後的迷迭香純露加入 A 燒杯中攪拌均勻。

6. 裝瓶，完成。

金縷梅萃取液是對付油性肌收斂毛孔的好物。它可以舒緩肌膚降低刺激性，又具有抗菌功效，在痘痘肌的配方中也能在合理範圍內添加，是很多專櫃品牌愛用的原料之一。

配方說明

該配方中膠類使用的比例是 10%，比較偏向喜愛清爽感或是油性肌膚的朋友，若想要提高作品的滋潤度與黏稠感，可以將配方中的膠類提高到 15%-20%，再將配方中的水量減少 5%-10%，以合計 100% 為主。當然喜歡這配方的朋友到秋冬季節一定會覺得不夠滋潤，也能利用這樣的方法度過乾冷的秋冬季節。

原料運用

如果手邊沒有蘆薈凝膠，可以用玻尿酸凝膠或是 DIY 製作的凝膠類代替，但須注意個人肌膚的適用性。

抗老化蝸牛萃取精華液

適用膚質
一般
中偏乾
老化肌膚

原料	使用量 (g)	百分比 (%)
1% 奈米玻尿酸原液	10g	10%
玻尿酸凝膠	15g	15%
蝸牛黏液萃取	3g	3%
蠟菊萃取液	2g	2%
魚子醬濃縮精華萃取液	3g	3%
抗菌劑	1g	1%
純水	66g	66%
合計	100g	100%

保存方法：完成作品起至 1.5 個月。請放置乾燥陰涼處

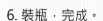

步 驟

1. 使用酒精消毒容器、工具與 2 個燒杯。

2. 將 1% 奈米玻尿酸原液與玻尿酸凝膠兩項原料
   裝入 A 燒杯中，攪拌均勻。

3. 將萃取液類的原料裝入 B 燒杯中，攪拌均勻。

3.

4. 把 B 倒入 A 燒杯，攪拌均勻，再加入抗菌劑。

5. 把最後的純水加入 A 燒杯中攪拌均勻。

6. 裝瓶，完成。

這幾年使用蝸牛黏液為原料的保養品很風行。在保養品中添加蝸牛黏液萃取，主要是看上黏液中具有軟骨素的關係（Chondrotin），可增強肌膚彈性，且含有膠原蛋白、彈性蛋白、尿囊素……等，對於肌膚損傷可以達到快速修復的效果，常用在抗氧化與抗老化的系列作品中，算是等級很高的保養品原料。

原料運用

魚子醬濃縮精華萃取液的價格偏高，若手邊原料沒有魚子醬，也可以用四胜肽(類生長因子)代替。四胜肽具有加強肌膚緊實、抗老化、抗斑、抗皺……等效果，當然價格比魚子醬濃縮精華萃取液便宜。

由於原料商標示四胜肽原料放在作品中不可以超過 2%，因此原本配方中魚子醬濃縮精華萃取液 3% 要改成四胜肽 2%，多出來的 1% 移至給純露由 66g 增加到 67g。

美肌宣言
精華液
Essence

膠原蛋白水嫩保濕精露

適用膚質

一般
中偏油
油性肌膚

原料	使用量 (g)	百分比 (%)
純水	69.5g	69.5g
凝膠形成劑	0.5g	0.5%
膠原蛋白	4g	4%
神經醯胺	5 g	5%
1% 玻尿酸原液 (稀狀)	20g	20%
抗菌劑	1 g	1%
合計	100g	100%

保存方法：完成作品起至 1.5 個月。請放置乾燥陰涼處

> 步　驟

1. 使用酒精消毒容器、
   工具與燒杯。

2. 先將一半的純水 34g
   倒入 A 燒杯中，再加
   入凝膠形成劑攪拌均
   勻，一直到形成凝膠
   狀且到看不到粉類為
   止。手攪過程中大約
   2-3 分鐘。

先倒入純水

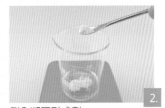

倒入凝膠形成劑

3. 將膠原蛋白 + 神經醯
   胺 +1% 奈米玻尿酸原
   液裝入 B 燒杯中，攪
   拌均勻。

攪拌成凝膠狀且看不到粉類

4. 把 B 倒入 A 燒杯，攪拌均勻，再加入
   抗菌劑。

5. 把最後的純水 35.5g 加入 A 燒杯中攪
   拌均勻。

6. 裝瓶，完成。

原料運用

神經醯胺有個美名是「鎖水之王」，它是以神經醯胺為骨架的類磷脂。主要存在
於角質層中細胞膜和細胞間基質中，具有鎖住水分，防止乾燥以及減少皺紋產生
的作用。但隨著年齡增加，其含量也跟著降低，導致皮膚逐漸乾燥、老化。

而玻尿酸主要是幫肌膚補水，讓角質層中的水分增加，但玻尿酸卻不具鎖水的功
能。作品配方中有玻尿酸吸水功效，再加上神經醯胺有鎖水的功能，兩者齊下來
達到肌膚保持水分的方法。

配方說明

這配方使用凝膠形成劑，主要功能是將水相變成凝膠狀，是製作偏濃稠的精華液
與凝膠類常見的增稠劑。其質地比較細緻，也不須加熱、中和，直接加水攪拌即
可形成，是一款品質好又好操作的原料。

但要注意的是，秤量凝膠形成劑要非常精準。每款凝膠形成劑的添加使用量不盡
相同，孟孟在這裡只使用 0.5%，讓作品使用起來有點黏稠而已，並不會呈現很

濃稠的型態。若覺得濃稠度不夠，除了可以增加凝膠形成劑使用量到 0.7%~1%
之外，另一個方法是使用濃稠狀原料來代替凝膠形成劑，直接讓作品具有稠度
(如 : 此章節前的原料操作概念與小技巧)。

清爽水嫩柔膚精華液

適用膚質
一般
中偏油肌膚

原料	使用量 (g)	百分比 (%)
橙花純露	24g	24%
岩玫瑰純露	30g	30%
蘆薈凝膠	15g	15%
甘草萃取液	4g	2%
金縷梅萃取液	2g	20%
蘆薈萃取液	4g	4%
1% 玻尿酸原液 (稀狀)	20g	20%
抗菌劑	1g	1%
合計	100g	100%

保存方法：完成作品起至 1.5 個月。請放置乾燥陰涼處

步　驟

1. 使用酒精消毒容器、工具與 2 個燒杯。
2. 先將純露倒入 A 燒杯中，再加入蘆薈凝膠攪拌均勻。
3. 將甘草萃取液 + 金縷梅萃取液 + 蘆薈萃取液 +1% 玻尿酸原液裝入 B 燒杯中，攪拌均勻。
4. 把 B 倒入 A 燒杯，攪拌均勻，再加入抗菌劑。
5. 裝瓶，完成。

原料解碼

甘草萃取液與金縷梅萃取液一起搭配，主要是針對油性肌膚容易引起的毛孔粗大，利用甘草萃取液防止皮膚粗糙老化，以及金縷梅萃取液收斂毛孔的效果。另外，岩玫瑰純露也能降低細紋產生。在這些原料的安全搭配下，讓油性肌膚的朋友可以得到清爽不油膩的使用感受。

美肌宣言
精華液
Essence

水嫩肌強效保濕植物精萃

適用膚質

一般
中偏油
老化肌膚

原料	使用量 (g)	百分比 (%)
玫瑰純露	50g	50%
玻尿酸凝膠	15g	15%
多重保濕因子	2g	2%
海莴苣精華萃取	3g	3%
神經醯胺	5g	5%
蘆薈萃取液	4g	4%
1% 玻尿酸原液 (稀狀)	20g	20%
抗菌劑	1g	1%
合計	100g	100%

保存方法：完成作品起至 1.5 個月。請放置乾燥陰涼處

步 驟

1. 使用酒精消毒容器、工具與 2 個燒杯。

2. 先將玫瑰純露倒入 A 燒杯中，再加入玻尿酸凝膠攪拌均勻，手攪過程大約 2-3 分鐘。

3. 將多重保濕因子、海莴苣精華萃取、神經醯胺、1% 玻尿酸原液 (稀狀) 和蘆薈萃取液裝入 B 燒杯中，攪拌均勻。

4. 把 B 倒入 A 燒杯，攪拌均勻，再加入抗菌劑。

5. 裝瓶，完成。

原料解碼

此配方主要強調肌膚保濕，配方中的海莴苣精華萃取可以提供皮膚濕潤柔嫩，加強修護與提供深層水分保濕功能。搭配使用神經醯胺加強鎖水，讓肌膚可以真正達到保濕的效果。

美肌宣言
精華液
Essence

除皺修補多重保濕精華液

適用膚質

一般
中偏油
老化肌膚

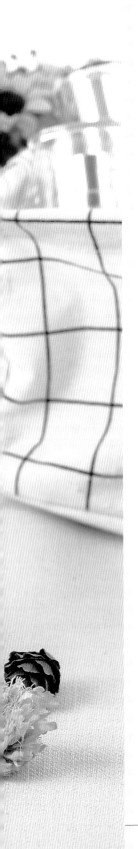

原料	使用量 (g)	百分比 (%)
橙花純露	69.5g	69.5g
凝膠形成劑	0.5g	0.5%
六胜肽	8g	8%
四胜肽	1.5g	1.5%
1% 玻尿酸原液 (稀狀)	19.5g	19.5%
抗菌劑	1g	1%
合計	100g	100%

保存方法：完成作品起至 1.5 個月。請放置乾燥陰涼處

步　驟

1. 使用酒精消毒容器、工具與 2 個燒杯。

2. 先將一半的橙花純露 35g 倒入 A 燒杯中，在加入凝膠形成劑 0.5g 攪拌均勻，形成凝膠狀且到看不到粉類，手攪過程中大約 2-3 分鐘。

3. 將六胜肽 + 四胜肽 +1% 玻尿酸原液裝入 B 燒杯中，攪拌均勻。

4. 把 B 倒入 A 燒杯，攪拌均勻，再加入抗菌劑。

5. 把最後的橙花純露 34.5g 加入 A 燒杯中攪拌均勻。

6. 裝瓶，完成。

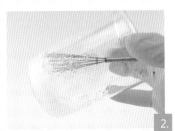
攪拌成凝膠狀且看不到粉類

滴入萃取液類

六胜肽是由六個胺基酸組合而成，主要是阻斷乙醯膽鹼在神經肌肉接合處的釋放，來抑制肌肉收縮達到抗皺效果，適合用在於臉部的抬頭紋、魚尾紋以及小細紋。

橙花純露本身就適合在抗老化的相關作品中使用，對於油性、偏敏感型肌膚或是皺紋的皮膚都很適合。若遇上油性或是有痘痘肌膚的朋友，也能藉由橙花純露中的收斂效果製成肌膚調理水。

PART 6

最佳保濕功臣
乳液／乳霜
Lotion/Cream

使用乳液最大的目的，在於延長水分與維持精華液養分停留在皮膚的時間。

主要原因在於前項的學習中，化妝水與精華液都比較偏向水類保養型態的概念，也就是流動性佳，不是以黏稠感為主的作品。在這樣的條件下，乳液與乳霜的功能，就是將化妝水與精華液中的小分子包覆住，讓肌膚可以擁有足夠的水分，達到保濕的效果，間接就能減少皺紋、延緩老化。

乳液的配方當中比化妝水與精華液多了油脂，因為油脂特性就是比水分子還要大，所以皮膚缺少水分或是秋冬肌膚偏乾的讀者，使用前兩項保養品後，擦上乳液或乳霜，能夠包覆皮膚上的水分，臉部或是其他部位的皮膚也不至於乾癢。

在 DIY 保養品製作中，大部分會以乳化蠟作為乳霜的組合結構基底，乳液則是冷作型的簡易乳化劑。但其實市售很多乳液與乳霜的架構是相似的，而既然本書以 DIY 為主軸，就以大部分朋友常用的乳化劑來區分作品。另外，作品上的型態也會區分成：具有流動性偏向乳液的作品、黏稠度高且流動性差的乳霜。但在製作完成的作品中同樣也會有其優缺點，孟孟簡單列出給讀者們參考：

乳液：

是具有流動性佳且偏稀的作品。

質地清爽，適合台灣悶熱且潮濕的氣候，例如夏季以及肌膚偏油性的朋友。但安定性較差，乳化不完全時容易產生油水分離。

乳霜：

是流動性差且較濃稠的作品。

質地較厚，適合天冷的季節，如秋冬以及肌膚偏乾或是很乾、需要盡快防止肌膚乾燥的朋友。因為質地厚重，對於一般肌膚的朋友擦上後會有負擔，以為給予「滋潤和養分」是好的，卻容易長痘痘呢！

乳液比例原則說明：

❶ 簡易乳化劑 1%＋油脂 5%~8% →

作品會偏水，甚至有時候乳化結構太薄弱，導致油水分離。這種情況下，會利用具有濃稠性的原料，例如濃稠狀的玻尿酸原液或是玻尿酸凝膠，來支撐其結構。而此配方比例較清爽也容易吸收，甚至油性肌膚的朋友在夏天也能輕鬆擦拭喔！

❷ 簡易乳化劑 2%＋油脂 10%~15% →

作品的型態為乳液狀，透過攪拌均勻後整體乳化結構比較完整，也不容易油水分離，對於比較喜愛乳液保濕感的讀者是不錯的選擇，但若使用在油性肌膚上可能較偏厚重。因此在換季與肌膚適用度部分，在製作時可以稍微調整一下。

乳霜比例原則說明：

❶ 乳霜的配方原則 = 乳化蠟 4% ＋ 油相 6%~10% ＋ 其餘水相 →

作品型態會比乳液還要濃稠一些，這比例原則比較適合覺得乳液還不夠保濕，且需要霜類作品，但不喜歡太黏膩、包覆性太高的讀者朋友。但缺點是，該作品久放後乳化結構不完整，容易崩塌，而讓作品回到偏水且如乳狀。

❷ 乳霜的配方原則 = 乳化蠟 6% ＋ 油相 6%~10% ＋ 其餘水相 →

作品型態會更濃稠，此款很適合乾燥肌膚、乾冷季節或是需要加強局部的肌膚保護，但延展性比較差，而乳化結構比較堅固，濃稠且不容易失敗。

玫瑰果修護清爽乳液

適用膚質

一般
中偏油
油性肌膚

原料	使用量 (g)	百分比 (%)
玫瑰果油	10g	10%
簡易乳化劑	1.5g	1.5%
玫瑰純露	81.5g	81.5%
人蔘萃取液	3g	3%
薏仁萃取液	3g	3%
抗菌劑	1g	1%
合計	100g	100%

保存方法：完成作品起至 1.5 個月。請放置乾燥陰涼處

步　驟

1. 使用酒精消毒容器、工具與 2 個燒杯。

2. 將玫瑰果油與簡易乳化劑兩項原料分別裝入 A 燒杯中，攪拌均勻。

倒入簡易乳化劑並秤量

確實倒入並秤量玫瑰果油

3. 將人蔘萃取液 + 薏仁萃取液裝入 B 燒杯中，攪拌均勻。

4. 把 50g 的玫瑰純露倒入 A 燒杯，攪拌均勻成乳液狀，再加入 B 杯與抗菌劑，再攪拌均勻。

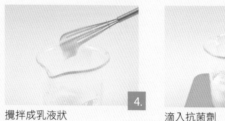

攪拌成乳液狀

滴入抗菌劑

5. 把剩餘的 31.5g 玫瑰純露分 2 次倒入 A 燒杯中，每倒一次就攪拌均勻。

6. 裝瓶，完成。

倒入純露

原料解碼

簡易乳化劑、玫瑰果油：

乳液的製作配方原則是將油與水調成作品，但事實上，單純油與水是不會完全結合的，因此需要透過一個叫做「乳化劑」物質再讓兩者相互充分均勻混合。簡單來說，「乳化劑」像是一雙手，一隻手抓水，一隻手抓油，把原本相斥的兩物質抓在一起。

簡易乳化劑是目前製作乳液中最容易取得、不須加熱、操作簡單的乳化劑，只要把油與水的比例原則抓好，加上抗菌劑，簡單製作與使用上就沒有太大的問題。

常有很多讀者怕麻煩或是在適用性上不太容易區分，孟孟常常會用折衷的方式來為大家想辦法，因此出現了「簡易乳化劑 1.5%+ 油脂 10%」的配方比例，這個好處是不但可以乳化，且對於油脂分泌比較旺盛的朋友，使用起來又不會太悶厚。作品中若想要添加具有濃稠性原料的玻尿酸原液也是可以的，而且保濕性也比較好，提供給大家參考！

最佳保濕功臣
乳液／乳霜
Lotion/Cream

摩洛哥抗皺保濕乳液

適用膚質

一般
中偏乾性
肌膚

原料	使用量 (g)	百分比 (%)
摩洛哥堅果油	8g	8%
甜杏仁油	2g	2%
簡易乳化劑	1.5g	1.5%
純水	72.5g	72.5%
多重保濕因子	5g	5%
玻尿酸原液	10g	10%
抗菌劑	1g	1%
合計	100g	100%

保存方法：完成作品起至 1.5 個月。請放置乾燥陰涼處

步 驟

1. 使用酒精消毒容器、工具與 2 個燒杯。

2. 將兩款油脂與簡易乳化劑三項原料，分別裝入 A 燒杯中，攪拌均勻。

3. 將多重保濕因子 + 玻尿酸原液裝入 B 燒杯中，攪拌均勻。

4. 把純水 50g 倒入 A 燒杯，攪拌均勻成乳液狀，再將 B 燒杯與抗菌劑倒入，攪拌均勻。

5. 把最後 22.5 的純水分 2 次倒入 A 燒杯中，每倒一次就攪拌均勻。裝瓶，完成。

原料解碼

摩洛哥堅果油除了護髮功效，護膚的功能也不容忽視，其維生素的含量高於橄欖油 10 倍，含豐富的不飽和脂肪酸，包括亞油酸、Omega-3 和 Omega-9、天然維生素 E 和 F，具有改善乾燥、抗老化、去除皺紋、再生與滋養的功能。配方中若沒有多重保濕因子，可用玻尿酸代替，如此整體配方的玻尿酸原液總共 15g。

沙棘油青春抗老乳液

適用膚質

一般
中偏乾
乾性肌膚

原料	使用量 (g)	百分比 (%)
沙棘油	2g	2%
冷壓荷荷芭油	5g	5%
月見草油	3g	3%
簡易乳化劑	1.5g	1.5%
乳香純露	69.5g	69.5%
四胜肽原液	3g	3%
玻尿酸原液	15g	15%
抗菌劑	1g	1%
合計	100g	100%

保存方法：完成作品起至 1.5 個月。請放置乾燥陰涼處

┌─ 步 驟 ─┐

1. 使用酒精消毒容器、工具與 2 個燒杯。

2. 將三款油脂與簡易乳化劑四項原料裝入 A 燒杯中，攪拌均勻。

3. 將四胜肽原液 + 玻尿酸原液裝入 B 燒杯中，攪拌均勻。

4. 把乳香純露 50g 倒入 A 燒杯，攪拌均勻成乳液狀，再將 B 杯與抗菌劑倒入，攪拌均勻。

5. 把最後 19.5 的乳香純露加分 2 次倒入 A 燒杯中，每倒一次就攪拌均勻。

6. 裝瓶，完成。

油脂與簡易乳化劑攪拌均勻

倒入四胜肽和玻尿酸原液

❶ 沙棘油與月見草油的搭配：沙棘油從早期就一直被當作肌膚保養的好油，因為沙棘油含有維生素與胡蘿蔔素，又具抗老化、抵禦疾病與壞細胞的功效，因此添加在乳液或是其他保養品中，就是希望能抗老、滋潤與修護肌膚。乾燥肌膚與敏感型肌膚都很適用。

沙棘油顏色偏黃色，白天使用於臉部上看起來容易偏黃，建議可以在晚上使用，讓肌膚吸收並強化皮膚功能，隔天起床清潔臉部後再使用保養品，會讓肌膚更健康。

❷ 月見草油：對於女性來說，不管是內服或外用都非常珍貴，並在照顧女性身體與肌膚非常具功效，內服部分在此就不多贅述。針對肌膚美容而言，月見草油可以讓皮膚看起來有光澤，甚至對於過敏肌膚也有舒緩效果，常常出現在問題肌膚的保養品中。

因為兩款油都具有修護滋潤又抗老化的功效，在搭配中將這兩款油品一起使用，以提高臉部與其他肌膚的修護度，並降低肌膚老化的速度，是 CP 值很高的油脂好搭檔。

原料運用

配方中的簡易乳化劑刻意使用1.5g，若覺得1.5g很難秤量，可以選擇增減0.5g，但增加或減少就會影響到作品的濃稠度。

簡易乳化劑若增加 0.5g，將水量減少 0.5g，作品濃度會更濃稠。對於需要偏厚重感與保濕感的讀者使用起來會比較有感。反之，簡易乳化劑若減少 0.5g，則需將水量增加 0.5g，作品濃度會更稀，對於喜愛清爽不黏膩的讀者會比較適合，但是有個缺點是乳化結構會比較薄弱一點，敗壞的速度比較快，建議製作後還是盡快使用為佳。

最佳保濕功臣
乳液／乳霜
Lotion/Cream

小白花保濕加強精華乳

適用膚質
一般
中偏乾
乾性肌膚

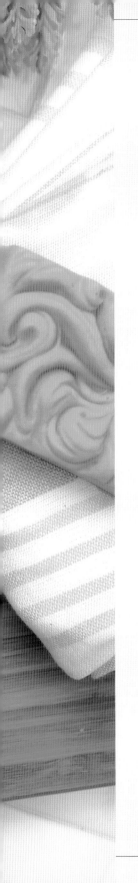

原料	使用量 (g)	百分比 (%)
小白花籽油	10g	10%
月見草油	5g	5%
簡易乳化劑	2g	2%
純水	73g	73%
多重保濕因子	5g	5%
魚子醬濃縮萃取液	4g	4%
抗菌劑	1g	1%
合計	100g	100%

保存方法：完成作品起至 1.5 個月。請放置乾燥陰涼處

步　驟

1. 使用酒精消毒容器、工具與燒杯。

2. 將兩款油脂與簡易乳化劑三項原料依序裝入燒杯中，攪拌均勻。

3. 先把純水 50g 倒入燒杯，攪拌均勻成乳液狀，再加入魚子醬濃縮萃取液 4g + 多重保濕因子 5g，攪拌均勻。

4. 加入剩餘純水 23g 與抗菌劑，攪拌均勻。裝瓶完成。

原料解碼

小白花籽油耐高溫又耐熱，常使用在霜類等需要加熱的作品中。能讓肌膚光滑柔嫩，同時又能保濕抗氧化，在搭配或選擇原料中會與荷荷芭油交互代替。可入皂，但若使用在肌膚上建議挑選冷壓，對肌膚吸收也好。

配方中共 15g 的油脂，可都用小白花籽油，或將月見草油 5g 換成荷荷芭油。若不方便取得魚子醬濃縮萃取液，可以捨去，並把水量增加 4g。另外一款推薦的萃取液是神經醯胺，具有鎖水效果，與小白花籽油一起製作成乳液也是不錯的選擇。

最佳保濕功臣
乳液／乳霜
Lotion/Cream

活力彈性面霜

適用膚質

中偏乾
乾性肌膚

原料	使用量 (g)	百分比 (%)
橄欖乳化蠟 (1000 型)	2g	4%
岩玫瑰純露	39g	78%
開心果油	2g	4%
月見草油	3g	6%
彈力蛋白	3g	6%
抗菌劑	1g	1%
合計	50g	100%

保存方法：完成作品起至 1 個月。請放置乾燥陰涼處

步　驟

1. 使用酒精消毒容器、工具與燒杯。

2. 將橄欖乳化蠟 (1000 型)+ 兩款油脂 + 岩玫瑰純露直接倒入燒杯中，隔水加熱。

2.
倒入純露

3. 隔水加熱至橄欖乳化蠟完全溶解後，離火，開始攪拌均勻。

4. 一直攪拌到呈現濃稠狀後加入彈力蛋白，攪拌均勻

2.
隔水加熱

5. 再加入抗菌劑，攪拌均勻。

6. 裝瓶，完成。

4
滴入彈力蛋白原液

原料解碼

橄欖乳化蠟 (1000 型) 專門用來製作乳霜，讓乳霜結構不至於崩塌。使用於乳霜的原料中觸感較厚重，感覺較悶，很適合肌膚偏乾、需要更高保護的皮膚，但如果需要透氣特性的原料，這款乳化蠟就不適合每天或長時間使用。

最佳保濕功臣
乳液／乳霜
Lotion/Cream

淨白保濕身體乳

適用膚質

一般
油性肌膚

原料	使用量 (g)	百分比 (%)
杏桃核仁油	5g	5%
甜杏仁油	5g	5%
簡易乳化劑	1.5g	1.5%
玫瑰純露	72.5g	72.5%
玻尿酸原液	12g	12%
左旋 C 粉	3g	3%
抗菌劑	1g	1%
合計	100g	100%

保存方法：完成作品起至 1 個月。請放置乾燥陰涼處

步　驟

1. 使用酒精消毒容器、工具與燒杯。
2. 將兩款油脂與簡易乳化劑三項原料依序裝入燒杯中，攪拌均勻。
3. 把玫瑰純露 50g 倒入燒杯，攪拌均勻成乳液狀，再加入玻尿酸原液，攪拌均勻。
4. 放入左旋 C 粉均勻混合後加入抗菌劑，再攪拌均勻。
5. 把最後 22.5 的純露加分 2 次倒入燒杯中，每倒一次就攪拌均勻。
6. 裝瓶，完成。

原料解碼

普遍的清爽油脂除了搭配葡萄籽油外，最常用的就是甜杏仁油與杏桃核仁油，兩者搭配起來的特性是好吸收、清爽不黏膩，但又滋潤。對於怕黏膩又希望得到滋潤保護的肌膚，這兩款油脂就是絕佳的搭配。

乳油木關節肌膚修護霜

適用膚質
乾性肌膚

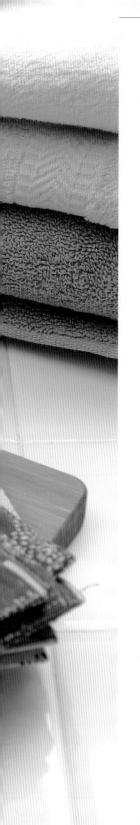

原料	使用量 (g)	百分比 (%)
橄欖乳化蠟 (1000 型)	2.5g	5%
純露	37g	74%
可可脂	3g	6%
未精製乳油木果脂	3.5g	7%
神經醯胺	3g	6%
抗菌劑	1g	2%
合計	50g	100%

保存方法：完成作品起至 1 個月。請放置乾燥陰涼處

步　驟

1. 使用酒精消毒容器、工具與燒杯。
2. 將橄欖乳化蠟 (1000 型)+ 兩款油脂 + 純露直接裝入燒杯中，隔水加熱。

放入脂類 2.

3. 隔水加熱至油與蠟完全溶解後，離火，開始攪拌均勻。
4. 一直攪拌到呈現濃稠狀後加入神經醯胺，攪拌均勻。
5. 再加入抗菌劑，攪拌均勻。
6. 裝瓶，完成。

配方說明

身體關節的肌膚，是最容易被忽略的區塊，當發現該處肌膚乾燥時，往往都已經過乾了。這款乳霜能讓過乾的皮膚得到修護與保護，原因在於可可脂在肌膚上可以形成一層保護膜，又能柔軟肌膚，加上具有很好的修護與滋潤感。搭配乳油木果脂，也是因為它能夠癒合傷口的關係。

127

最佳保濕功臣
乳液／乳霜
Lotion/Cream

保濕破表滋潤護手霜

適用膚質

中偏乾
乾性肌膚

原料	使用量 (g)	百分比 (%)
橄欖乳化蠟 (1000 型)	2g	4%
乳香純露	37g	74%
沙棘油	3g	6%
未精製乳油木果脂	4g	8%
多重保濕因子	3g	6%
抗菌劑	1g	2%
合計	50g	100%

保存方法：完成作品起至 1 個月。請放置乾燥陰涼處

步　驟

1. 使用酒精消毒容器、工具與燒杯。

2. 將橄欖乳化蠟 (1000 型)+ 沙棘油與未精緻乳油木果脂 + 純露直接裝入燒杯中，隔水加熱。

放入脂類

3. 隔水加熱至橄欖乳化蠟完全溶解後，離火，開始攪拌均勻。

4. 一直攪拌到呈現濃稠狀後加入多重保濕因子，攪拌均勻。

5. 再加入抗菌劑，攪拌均勻。

6. 裝瓶，完成。

配方說明

修護型的護手霜中，孟孟最愛沙棘油與乳油木果脂一起搭配，主要原因是沙棘油對於勞動、乾燥、脫皮、龜裂、產生皺紋的雙手，可以達到快速修復的改善。再加上乳油木果脂也同樣能修護滋潤，雙管齊下，定會讓使用者有意想不到的良好效果，絕對是乾燥季節與乾燥肌膚的首選配方。

透氣感十足護手凝霜

護手霜
Hand Cream

適用膚質

中偏乾
乾性肌膚

原料	使用量 (g)	百分比 (%)
橄欖乳化蠟 (1000 型)	2g	4%
純露	37g	74%
摩洛哥堅果油	3g	6%
荷荷芭油	2g	4%
甜杏仁油	2g	4%
蘆薈萃取液	3g	6%
抗菌劑	1g	2%
合計	50g	100%

保存方法：完成作品起至 1 個月。請放置乾燥陰涼處

步 驟

1. 使用酒精消毒容器、工具與燒杯。

2. 將橄欖乳化蠟 (1000 型)+ 三款油脂 + 純露直接裝入燒杯中，隔水加熱。

3. 隔水加熱至橄欖乳化蠟完全溶解後，離火，開始攪拌均勻。

4. 一直攪拌到呈現濃稠狀後加入蘆薈萃取液，攪拌均勻。

5. 再加入抗菌劑，攪拌均勻。

6. 裝瓶，完成。

配方說明

這是一款孟孟非常喜歡的護手配方，多用於春夏季，由於平常工作接觸酒精機率很高，手部肌膚常感乾燥，想要修護雙手，但又不愛油膩的滋潤感，便可使用。三款油脂各司其職，具備清爽、修護、除皺、滋潤，加上具有鎮定抗發炎與修護的蘆薈萃取液，是一款隨身好用的護手霜配方。

最佳保濕功臣
乳液／乳霜
Lotion/Cream

高效保濕緊緻蛋白面霜

適用膚質

中偏乾
乾性肌膚

原料	使用量 (g)	百分比 (%)
橄欖乳化蠟 (1000 型)	2g	4%
永久花純露	37g	74%
蘆薈脂	3g	6%
玫瑰果油	2g	4%
澳洲胡桃油	2g	4%
神經醯胺	3g	6%
抗菌劑	1g	2%
合計	50g	100%

保存方法：完成作品起至 1 個月。請放置乾燥陰涼處

步　驟

1. 使用酒精消毒容器、工具與燒杯。

2. 將橄欖乳化蠟 (1000 型)+ 蘆薈脂 + 兩款油脂 + 永久花純露直接裝入燒杯中，隔水加熱。

3. 隔水加熱至橄欖乳化蠟完全溶解後，離火，開始攪拌均勻。

4. 一直攪拌到呈現濃稠狀後加入神經醯胺，攪拌均勻。

5. 再加入抗菌劑，攪拌均勻。

6. 裝瓶，完成。

倒入蘆薈脂

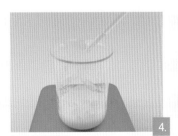

加入神經醯胺

蘆薈脂原本是孟孟製作護唇膏的重要原料之一，雖然是脂類但觸感滑潤舒服，加上可以幫肌膚提高濕潤度，所以在此把蘆薈脂運用在霜類。再加上搭配的油脂是萬用的玫瑰果油與清爽柔潤的澳洲胡桃油，整體霜感提升，又不厚重。對於平常需要用到霜類的讀者，或是天氣寒冷肌膚偏油性的朋友，都是很不錯的保濕保養品。

原料運用

如果覺得這樣的觸感很厚重，可以將橄欖乳化蠟改成簡易乳化劑，會變成比較清爽感的霜狀，質地也比較不厚重。

PART 7

全面呵護
凍膜／凝膠
Mask /Gel

凍膜的最大優點是能馬上迅速提供養分，快速恢復水嫩的功能。

本章節主要以凝膠類為主，可保濕與鎖住水分，透氣性好，就算乾冷的秋冬也能讓肌膚多喝水，且又不像霜類悶厚。

在保養上的使用順序會是：清潔⇨化妝水⇨精華液⇨乳液，最後才使用凍膜。凍膜的使用量約為 10 元硬幣大小，在臉部塗上薄薄一層便可有效吸收，但除了乾性與極乾性肌膚可以塗厚一點加強之外，一般肌膚不需要厚敷睡覺。凍膜還有另一好處是厚敷 15 分鐘後用清水洗掉，就可當作面膜使用，還能提高肌膚保水度。

凍膜好處多多，但該注意的事項也有：

❶ 切記勿厚敷且長時間停留於肌膚上。

❷ 凍膜塗太厚，不僅肌膚無法有效吸收養分，且容易生長痘痘和粉刺。

❸ 使用凍膜前降低使用美白成分的保養品，因美白多含有酸類，長時間停留在肌膚上，易造成肌膚紅腫不適。使用凍膜可以讓肌膚的保水度大大加分，而使用凍膜之前要正確清潔肌膚，早上也要把臉洗乾淨，再按照順序保養即可。

凍膜製作原則與小技巧

以下章節除了先讓讀者明白如何製作 DIY 凝膠之外，也教大家如何將自製的凝膠，再進一步調製成平常使用的凍膜型態。

此配方的玻尿酸凝膠是直接於材料店購得，許多朋友在不知道調配原料的情況下，會直接塗抹於肌膚上，雖然不太會造成肌膚不適，但質地黏膩延展性較差，且凝膠中沒有額外的有效機能成分，對於肌膚想要另外加強的效果就大大折扣了。

在製作保養凍膜中添加純露與一些萃取液，質地清爽水潤，延展性好，使用時容易推勻，不僅能加強肌膚的保水的功效，也更能安全使用。保養品型態的凍膜或是製作好的凝膠，使用速度慢，添加抗菌劑是必要的喔！

以下說明比例原則：

❶ 一般安全型

原料	百分比 (%)
凝膠類	70%
有效機能成分	5%
喜愛 / 適合的純露	24%
抗菌劑	1%

凝膠比例較少，水量相對多，在這作品形態下會比較稀一點，加上有效機能成分不超過 5%，屬於比較安全的凍膜保養。

❷ 保濕濃稠型

原料	百分比 (%)
凝膠類	80%
有效機能成分	5%
喜愛 / 適合的純露	14%
抗菌劑	1%

這作品質地會比較濃稠些，對於偏向喜愛保濕度高的人比較適合，但若肌膚需要透氣性高，這款配方比較不適合喔！

❸ 清爽水潤型

原料	百分比 (%)
凝膠類	70%
有效機能成分	10%
喜愛 / 適合的純露	19%
抗菌劑	1%

雖然是清爽型，但有效成分提高到 10%，若屬於敏感型肌膚也不適合使用這麼高比例的有效成分。如果想要調整敏感型肌膚，也想要享受清爽水潤感，可以將此配方中的有效機能成分降低到 5%、純露提高 5%，即可。

膠類製作原則與小技巧

製作凍膜的原料目前常用的有兩種，一是買蘆薈凝膠或是玻尿酸凝膠，依照比例添加有效機能成分與純露，二是使用喜愛純露與凝膠形成劑，依照比例調製成喜愛的凝膠。

以下先跟讀者說明如何自製凝膠與配方比例概念，了解之後就能多加延伸運用。

🌼 基礎版：金縷梅蘆薈保濕凝膠

原料	使用量 (g)	百分比 (%)
凝膠形成劑	2g	2%
蘆薈萃取液	10g	10%
金縷梅萃取液	2g	2%
純露	85g	85%
抗菌劑	1g	1%
合計	100g	100%

步驟

1. 秤量純露 50g 與凝膠形成劑 2g，置於 A 燒杯中，兩者攪拌至粉狀消失，混合均勻。

2. 將蘆薈萃取液與金縷梅萃取液兩項原料分別裝入 B 燒杯中，攪拌均勻，再將 B 燒杯倒入 A 燒杯中，攪拌均勻。

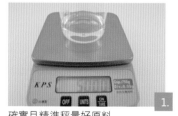

確實且精準秤量好原料

3. 剩餘 35g 的純露分 2-3 次慢慢倒入 A 燒杯中，每次倒入都需要混合均勻才能再接著倒入。

4. 最後加入抗菌劑，攪拌均勻，裝瓶完成。

3.

🌼 運用版：夏季玻尿酸薏仁美白凝膠

原料	使用量 (g)	百分比 (%)
凝膠形成劑	2g	2%
薏仁萃取液	5g	5%
玻尿酸原液	10g	10%
純露	82g	82%
抗菌劑	1g	1%
合計	100g	100%

步 驟

1. 秤量純露 50g 與凝膠形成劑 2g，置於 A 燒杯中，兩者攪拌至粉狀消失，混合均勻。

2. 將薏仁萃取液與玻尿酸原液兩項原料分別裝入 B 燒杯中，攪拌均勻，再將 B 杯倒入 A 杯中，攪拌均勻。

3. 剩餘 32g 純露分 2-3 次慢慢倒入 A 燒杯，每次倒入都需要混合均勻才能再倒入。

4. 最後加入抗菌劑，攪拌均勻，裝瓶，完成。

2.
滴入薏仁萃取液

4.
準備裝瓶

🌼 原料延伸版：洋甘菊草本漢方凝膠

原料	使用量 (g)	百分比 (%)
凝膠形成劑	2g	2%
洋甘菊萃取液	1g	1%
甘草萃取液	5g	5%
純露	91g	91%
抗菌劑	1g	2%
合計	100g	100%

步 驟

1. 秤量純露 50g 與凝膠形成劑 2g，置於 A 燒杯中，兩者攪拌至粉狀消失，混合均勻。

2. 將洋甘菊萃取液與甘草萃取液兩項原料分別裝入 B 燒杯中，攪拌均勻。再將 B 杯倒入 A 杯中，攪拌均勻。

滴入洋甘菊萃取液

3. 剩餘41g 純露分 2-3 次慢慢倒入 A 燒杯，每次倒入都需要混合均勻才能再倒入。

滴入甘草萃取液

4. 最後加入抗菌劑，攪拌均勻，裝瓶完成。

❋ 有效機能加強版：膠原蛋白抗皺凝膠

原料	使用量 (g)	百分比 (%)
凝膠形成劑	2g	2%
膠原蛋白原液	4g	4%
六胜肽（類肉毒桿菌）	6g	6%
純露	87g	87%
抗菌劑	1g	1%
合計	100g	100%

步　驟

1. 稱量純露 50g 與凝膠形成劑 2g，置於燒杯中，兩者攪拌均勻至粉狀消失，混合均勻。

滴入六胜肽

2. 將六胜肽與膠原蛋白原液兩項原料分別滴入燒杯中，攪拌均勻。

3. 剩餘 37g 純露分 2-3 次慢慢倒入燒杯，每次倒入都需要混合均勻才能再倒入。

確實秤量膠原蛋白原液 4g

4. 最後加入抗菌劑，攪拌均勻，裝瓶完成。

🌼 油脂平衡版：茶樹抗痘凝膠

原料	使用量 (g)	百分比 (%)
凝膠形成劑	2g	2%
綠茶萃取液	5g	5%
蘆薈萃取液	10g	10%
茶樹純露	82g	82%
抗菌劑	1g	1%
合計	100g	100%

步 驟

1. 秤量純露 50g 與凝膠形成劑 2g，置於燒杯中，兩者攪拌均勻至粉狀消失，混合均勻。

2. 將綠茶萃取液與蘆薈萃取液兩項原料分別滴入燒杯中，攪拌均勻。

3. 剩餘 32g 純露分 2-3 次慢慢倒入燒杯，每次倒入都需要混合均勻才能再倒入。

4. 最後加入抗菌劑，攪拌均勻，裝瓶完成。

由以上製作凝膠的方式可見，凝膠形成劑適合的比例是 2%，有效機能成分的比例，會依照選擇原料可添加的比例有所差異，大致上約佔 10%~15%，其餘為純露。

　　有效機能成分提高到 20% 雖然可行，但是要注意原料的濃稠度，可能會因為長時間於臉部肌膚上而刺激性提高造成刺痛、過敏或紅腫。若一遇到這情況應立即清洗，且停止使用，除了檢視是否適用之外，也要降低有效機能成分的比例，使用時以安全舒適為主。

玻尿酸水嫩保濕凍膜

適用膚質

一般膚質
皆可

原料	使用量 (g)	百分比 (%)
玻尿酸凝膠	35g	70%
保濕因子	2g	4%
玫瑰純露	12.5	25%
抗菌劑	0.5g	1%
合計	50g	100%

保存方法：完成作品起至 1.5 個月。請放置乾燥陰涼處
※ 此配方中的玻尿酸凝膠，可直接向店家購買。

[步　驟]

1. 使用酒精消毒容器、工具與燒杯。

2. 將玻尿酸凝膠與保
   濕因子裝入燒杯中，
   攪拌均勻。

3. 玫瑰純露緩和倒入
   燒杯中，攪拌均勻。

4. 最後加入抗菌劑，
   攪拌均勻。

5. 裝瓶，完成。

[配方說明]

配方添加保濕因子，不外乎是要加強保濕，保濕做得好，
肌膚老化速度就慢，塗抹薄薄一層待吸收也能感到水潤。
若手邊沒有保濕因子原料，可以使用玻尿酸原液代替。

彈力美白透亮晶凍

適用膚質

油性
中偏油性
肌膚

原料	使用量 (g)	百分比 (%)
玻尿酸薏仁美白凝膠	35g	70%
維他命 C 磷酸鎂鹽	1g	2%
人蔘萃取液	1g	2%
玫瑰純露	12.5	25%
抗菌劑	0.5g	1%
合計	50g	100%

保存方法：完成作品起至 1.5 個月。請放置乾燥陰涼處

※ 此配方中的玻尿酸薏仁美白凝膠是 DIY 凝膠，若沒有製作，可以直接使用購於店家的玻尿酸凝膠。

步 驟

1. 使用酒精消毒容器、工具與燒杯。

2. 將 DIY 玻尿酸薏仁美白凝膠 + 維他命 C 磷酸鎂鹽 + 人蔘萃取液裝入燒杯中，攪拌均勻。

3. 玫瑰純露緩和倒入燒杯中，攪拌均勻。

4. 最後加入抗菌劑，攪拌均勻。

5. 裝瓶，完成。

確實且精準秤量維他命 C 磷酸鎂鹽 1g

配方說明

維他命 C 磷酸鎂鹽具有美白效果，且穩定性與美白效果都比左旋 C 好，但製作長時間停留在臉上的凍膜中，需要注意刺激性，看看肌膚是否合適喔！

左旋 C 粉也能代替維他命 C 磷酸鎂鹽，購買時請注意 PH 值，如果偏酸性就不建議使用在凍膜中，因為停留在臉上的時間長，容易引發肌膚不適。建議選擇刺激性較低，或是原料用量再減少，使用上會更安全。

全面呵護
凍膜／凝膠
Soap

漢方草本機能凝膠

適用膚質
中性
中偏油
油性肌膚

原料	使用量 (g)	百分比 (%)
洋甘菊草本漢方凝膠	35g	70%
人蔘萃取液	1.5g	3%
薏仁萃取液	1.5g	3%
迷迭香純露	11.5g	23%
抗菌劑	0.5g	1%
合計	50g	100%

保存方法：完成作品起至 1.5 個月。請放置乾燥陰涼處

※ 此配方中的洋甘菊草本漢方凝膠是 DIY 凝膠，若沒有製作，可以
　 直接使用購於店家的蘆薈膠。

步　驟

1. 使用酒精消毒容器、工具與燒杯。

2. 將洋甘菊草本漢方凝膠 + 人蔘萃取液 + 薏仁萃取液裝入燒杯中，攪拌均勻。

3. 加入迷迭香純露，攪拌均勻。

4. 最後加入抗菌劑，再攪拌均勻。裝瓶完成。

配方延伸

這款漢方草本機能型凍膜製作完成後，可挖取約 50 元硬幣大小添加薏仁粉 2g，攪拌均勻後成為美白面膜泥。每週約 2-3 次厚敷肌膚上約 15 分鐘後沖洗，亦能具有去角質與美白水嫩的功能。可以製作成面膜泥的常見粉類有：薏仁粉、綠豆粉、高嶺土粉 (適合油性肌膚用)、玉容散。

曬後修護凝膠

適用膚質

曬傷
中偏油
油性肌膚

原料	使用量 (g)	百分比 (%)
蘆薈凝膠	20g	40%
玻尿酸凝膠	20g	40%
洋甘菊萃取液	0.5g	1%
蘆薈萃取液	1.5g	3%
洋甘菊純露	4g	8%
薰衣草純露	3.5g	7%
抗菌劑	0.5g	1%
合計	50g	100%

保存方法：完成作品起至 1.5 個月。請放置乾燥陰涼處
※ 此配方中的玻尿酸凝膠直接向店家購買。

步　驟

1. 使用酒精消毒容器、工具與燒杯。

2. 將蘆薈凝膠 + 玻尿酸凝膠 + 兩款萃取液裝入燒杯中，攪拌均勻。

3. 加入洋甘菊純露，稍微攪拌再加入薰衣草純露，攪拌均勻。

4. 最後加入抗菌劑，再攪拌均勻。裝瓶完成。

原料解碼

曬後修護常見的原料，莫過於洋甘菊純露與洋甘菊萃取液。洋甘菊萃取液具有抗敏感跟曬後修護鎮定的功效，也適合厚敷於痘痘肌膚，當作鎮定消炎面膜 (厚敷請於 15 分鐘後用清水洗淨)。說到曬後修護，另一為大眾所知的即是蘆薈，綠色外皮下的透明蘆薈果肉，含有超過 200 多種的營養成分。但蘆薈綠色的表皮含有蘆薈素與大黃素，容易導致過敏，因此在美容功效裡是盡量避免使用的。

藍銅極致抗老晚安凍膜

適用膚質

一般膚質
皆可

原料	使用量 (g)	百分比 (%)
凝膠形成劑	2g	2%
純水	90.5g	90.5%
神經醯胺	3g	3%
蝸牛黏液萃取	3g	3%
藍銅胜肽 (粉狀)	0.5g	0.5%
抗菌劑	1g	1%
合計	100g	100%

保存方法：完成作品起至 1.5 個月。請放置乾燥陰涼處

> 步 驟

1. 使用酒精消毒容器、工具與 3 個燒杯。

2. 秤量凝膠形成劑與純水 60g 兩項原料，裝入 A 燒杯中，攪拌均勻至看不出粉狀且形成凝膠狀。

確實且精準秤量原料

3. 將神經醯胺 + 蝸牛黏液萃取裝入 B 燒杯中，攪拌均勻。

4. 把 B 燒杯倒入 A 燒杯，攪拌混合完全。

藍銅胜肽 1g/ 瓶

5. 準備 C 燒杯，將剩下 30.5g 的純露與藍銅胜肽 0.5g，攪拌均勻。

6 把 C 燒杯倒入 A 燒杯混合均勻後再加入抗菌劑，攪拌均勻。

7. 裝瓶，完成。

銅 (Copper) 是維持身體機能需要的元素之一，功能多、複雜且重要。在肌膚組織效果上能夠促進傷口癒合，讓皮下組織能力增加，又能刺激肌膚中膠原蛋白與彈力蛋白的生長，因此在改善細紋、淡化疤痕上也有不錯的功效。

藍銅胜肽主要是運用在抗皺抗老化市場中，但在 DIY 作品中要注意的是避免和其他酸性原料一起使用，如：A 酸、水楊酸、左旋 C……等等。

配方說明

市售的藍銅胜肽都是以 1g 為包裝，若每次使用都只用如同上述配方的 0.5g，剩下的 0.5g 保存不當容易受潮，反而浪費，所以建議可以同時製作精華液，或是一次製作 200g 藍銅極致抗老晚安凍膜。

配方中的水量使用純水，但藍銅怕偏酸性的原料，所以沒有使用純露。另外一種更奢侈的原料，是將純水部分或是全部都換成 1% 奈米玻尿酸原液（稀狀），也是另一款更奢華的配方。

PART 8

四季必備
生活小物
Skin Care

嬰幼兒柔嫩舒緩膏

原料	使用量 (g)	百分比 (%)
洋甘菊浸泡甜杏仁油	25g	25%
印加果油	32g	32%
冷壓食用橄欖油	12g	25%
沙棘油	12g	25%
蜜蠟	15g	15%
堪地里拉蠟	4g	4%
合計	100g	100%

步 驟

1. 將所有的原料精準秤量好放入燒杯中，將燒杯隔水加熱至原料確實溶解。

2. 攪拌一下，稍微等待降溫後攪拌混合均勻。

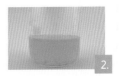

3. 倒入鋁盒或是大支扁管，等待冷卻即可使用。

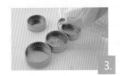

配方應用

嬰幼兒的柔嫩肌膚，炎熱的夏季或較容易流汗的孩子，最常碰到的肌膚狀況就是疹類困擾，如果是細微的症狀，可以自行居家護理。嚴重者還是需要就醫！

洋甘菊浸泡甜杏仁油，主要是希望藉由甜杏仁油中的低敏、親膚性與極佳的延展性配合洋甘菊具有抗敏的功效，呵護幼兒肌膚。在作品中添加少量的沙棘油，除了作品可以展現不同顏色之外，還能給予肌膚滋潤與養分、促進生長。印加果油富含維生素 E，能降低皺紋產生，減少皮膚刺激，促進修復，嬰幼兒因為長時間包裹尿布，導致肌膚受到尿液的刺激容易變得粗糙，作品中添加印加果油，對於尿布疹可以達到良好的修復作用。

親膚潤澤護唇膏

原料	使用量 (g)	百分比 (%)
初榨橄欖油 (可食用)	10g	20%
蘆薈脂	10g	20%
橄欖脂	15g	30%
冷壓荷荷芭油	5g	10%
蜜蠟	5g	10%
堪地里拉蠟	5g	10%
合計	50g	100%

步　驟

1. 將所有的原料精準秤量好放入燒杯中，將燒杯隔水加熱至原料確實溶解。

2. 攪拌一下稍微等待降溫後，可選擇是否加入芳療級精油或是食品級香精 5 滴，同樣攪拌混合均勻。

3. 倒入護唇膏管中等待冷卻即可使用。

配方應用

乾裂嘴唇好發於秋冬兩季，甚至有些朋友一年四季都需要用到護唇膏。DIY 護唇膏最怕使用時有沙沙的顆粒感，還有乾燥後嘴唇留有薄膜的感覺，為了克服這樣不舒服的感受，在配方中使用了蘆薈脂與橄欖脂，這兩款脂類是此親膚護唇膏最大的功臣之一，質地細緻、親膚不黏膩，又不會產生薄膜造成困擾。

蘆薈脂，顧名思義來自於蘆薈，可保護皮膚免於乾燥且提高滋潤度；橄欖脂含有保濕成分的角鯊烯和甘油，同樣也能讓乾燥的嘴唇擁有水分與滋潤的感受。若少了其中一項，例如手邊沒有橄欖脂這項原料，可否全部都用蘆薈脂代替？答案是可以的。若缺少其中一個脂類，可以用另一款脂類代替全部脂類喔！

美美護唇膏小技巧

製作護唇膏最具挑戰性的就是將油脂倒入小小的唇膏管中，如何將原料倒至頂端後沒有坑洞且圓圓美美，是最令人期待且最困難。

❶ 將原料倒入唇膏管轉軸心且稍微蓋過轉軸。

❷ 待原料稍微冷卻後再慢慢倒滿。

❸ 直到即將滿出來後，利用表面張力再補上 2-3 滴，即能呈現美美的小圓弧。

龜裂肌膚專用的修護油

原料	使用量 (g)
乳油木果脂	10g
冷壓玫瑰果油	10g
可可脂	5g
琉璃苣油	5g
甜杏仁油	10g
芳療級薰衣草精油	5 滴 (可省略)
合計	40g

1. 將乳油木果脂、可可脂跟甜杏仁油秤量好，倒入燒杯中，隔水加熱讓脂類融化。
2. 等待溫度稍微降低後再逐一加入其他油脂，攪拌均勻。
3. 裝瓶完成。

2.

配方應用

這配方特別的是使用了琉璃苣油，它富不飽和脂肪酸，其中的亞麻油酸含量是眾多植物性油脂中含量最高的，對於皺紋與濕疹都有很好的效果，這款油脂跟玫瑰果油一樣屬於昂貴油品。利用乳油木與玫瑰果油滲透好且修護度佳的特性，讓受傷的肌膚恢復起色，可可脂如同保護層一樣覆蓋住肌膚，能讓乾燥且受傷的肌膚確實得到極佳的修護。

生活應用

對於手肘、腳後跟、關節處、特別是乾燥的指緣或其他龜裂肌膚都可以特別加強，尤其是洗澡後可滴適量於加強部位，稍加按摩讓肌膚吸收。

除皺淡斑護膚油

原料	使用量 (g)
可可脂	12g
摩洛哥堅果油	8g
甜杏仁油	8g
澳洲胡桃油	8g
玫瑰果油	4g
芳療級薰衣草精油	5 滴（可省略）
合計	40g

[步　驟]

1. 將可可脂與甜杏仁油秤量好倒入燒杯中，隔水加熱讓可可脂融化。

2. 等待溫度稍微降低後再逐一加入其他油脂，攪拌均勻。

3. 裝瓶完成。

[配方應用]

此配方適合肌膚偏乾的朋友使用，其中五種油品裡就有四種油品具備除皺抗老化的功能：可可脂、摩洛哥堅果油、玫瑰果油、澳洲胡桃油。甜杏仁油會讓整體作品的延展性更好，也更容易推勻。澳洲胡桃油含有大量的棕櫚油酸，是人體中重要的油酸卻無法自行生產，也會隨著年紀增加而減少，質地清爽且穩定性好，常常運用在許多抗老化的產品中。注意，孕婦或是準備懷孕的準媽媽，使用該作品時就不要加精油喔！

[生活應用]

洗完澡後可適量的塗抹於肚子或是大腿，甚至乾燥的小腿前，稍加按摩待吸收後即可。對付孕媽咪妊娠紋與大腿肉肉的橘皮紋，平時多多給予護膚油中的油脂養分加以按摩，讓皮膚和皮下組織的結構更堅韌，多少能減緩橘皮紋，此有益無害。

超值抗皺修護隨身護膚油

集結了修護、滋潤、美白、淡化斑痕等四大需求的功能。是孟孟護膚油中最萬用也最愛的一款，已經屬於非推薦不可的程度了。

原料	使用量 (g)
玫瑰果油	10g
荷荷芭油	10g
月見草油	5g
葡萄籽油	5g
芳療級精油	3 滴 (可省略)
合計	30g

步 驟

1. 將所有的原料精準秤量好裝入燒杯中，輕輕攪拌均勻後裝瓶。
2. 裝瓶搖晃均勻，即可使用。

1.

廢方應用

愛用這款護膚油的原因是，令人期待的功能都集結於這一瓶裡了。配方中的玫瑰果油可以幫助肌膚進行修護工作、荷荷芭油做為乾燥肌膚加強保水保濕的屏障、月見草油能夠解決許多皮膚問題、增加皮膚彈性與再生功能，對於淡化斑痕又有些程度的貢獻、葡萄籽油能恢復肌膚的青春年華，不僅能抗老化，改善黑色素沉澱，相對也具有美白功能。

這款作品，既能護膚又能夠做頂級保養，是很萬用的護膚油。但注意的是，製作的量別太多，避免還未用完就產生油耗酸敗味，且注意賦香的來源要選擇優良的精油為主，避免肌膚產生不適。

生活應用

對於手肘、腳後跟、關節處、特別乾燥的指緣，或是其他龜裂肌膚都可以特別加強，尤其是洗澡後，可在加強部位稍加按摩讓肌膚吸收。可以在有斑痕、黑色素沉澱、乾燥的局部肌膚塗抹一些些，稍加按摩讓油脂吸收，每日約 2-3 次。

若想擦全臉，可以在清潔完肌膚，平常保養程序後，再擦上薄薄一層護膚油吸收。切記別太貪心擦太多讓肌膚吸收太多油脂，又油又膩，容易阻塞肌膚毛孔，造成痘痘或疹類出現。

PART 9

四季皆宜
手作皂
Soap

手工皂這幾年非常盛行，相關的個人工作室也如雨後春筍林立，因此如何為自己的手作作品開拓特殊性是值得思考的。因為是手作創意，因此必須有個性、有獨特性，才能與眾不同。這幾年孟孟不斷在基礎工藝中發想各種不同的創意，致力於社區大學教學與相關產業計畫發展，甚至協助輔導學生利用手工皂中，為自己為家人發光發熱。

藉由這本書的規劃，將自己手上經營的 10 大皂款做整體的統整，不管在手工皂的製法、配方延伸與添加物的運用技巧上，足以讓您手作功力提升，讓這 10 大皂款變成為您四季不敗的祕密皂款。

手工皂準備工具

❶ **耐鹼耐熱量杯或鋼杯**：秤量氫氧化鈉使用。

❷ **不鏽鋼鍋一大一小**：通常會用大不鏽鋼鍋裝盛皂液，小不鏽鋼鍋裝盛鹼水。

❸ **皂模**：完成攪拌過程後，裝盛皂液用的模具，建議使用矽膠模，不但好脫模，又不傷皂體。

❹ **攪拌棒**：製作手工皂，攪拌皂液時使用。

❺ **刮刀**：同樣會歸類在攪拌皂液時所需要的工具，但另一個重要的功能是攪拌時用刮刀刮下鍋邊皂液，可以讓整體皂液混合均勻，亦能撈起皂液中的空氣，減少成皂的氣泡。

❻ **手套、口罩**：穿戴身上避免皂液或是鹼水噴濺，可以用來保護身體的任何一部分。

❼ **家庭用電子磅秤**：一般使用於烘焙秤量食物的家庭用電子磅秤即可，最小單位是 1g。

❽ **溫度計**：測量油脂與鹼水溫度。

❾ **不鏽鋼長柄湯匙**：製作鹼水使用，此工具建議用長柄較佳，也是安全考量。

DIY 保養品與手工皂
常見油脂特色與皂化價

油品名稱	油品特色	氫氧化鈉皂化價 NaOH	入皂常用比例
玫瑰果油 Rosehip Oil	具有抗皺、美白、修護、延緩肌膚老化的功效，適合搭配在美白、保濕、敏感、老化等欲增加肌膚彈性的保養品油相中，是高級保養品中不可或缺的用油。	0.135	3%~12%
沙棘油 Seabuckthorn Oil	適合乾性與敏感性肌膚，尤其是容易有傷口的肌膚，更適合用沙棘油製作護膚乳液來保養呵護。製作護唇膏也能少量添加，可降低嘴唇乾裂的情況。	0.138	2%~10%
月見草油 Evening Primrose Oil	肌膚保養中想要有修護、滋潤、抗老化的必備保養肌膚用油。能夠舒緩皮膚疹類的問題，又適合任何膚質，是潤膚基礎油中不可或缺的配方油。	0.134	3%~10%
小白花籽油 Meadowfoam Oil	耐高溫又耐熱、抗氧化與抗老化的特色，常與荷荷芭油交替使用，製作保養品與入皂都是很優質的配方用油，算是屬於特殊油品的一款。	0.121	5%~30%
澳洲胡桃油 Macadamia Nut Oil	含豐富的棕櫚油酸，能延緩皮膚與細胞的老化，穩定不刺激，常用於抗敏抗老化的配方	0.139	5%~35%
摩洛哥堅果油 Argan Oil	有改善乾燥、抗老化、去除皺紋、滋養、保護的功能，可用於 DIY 保養品油相強調修護滋潤類型中。常用於防止頭髮毛躁分岔、修復受損髮質、改善髮絲的光澤與柔順度。	0.136	5%~30%

椰子油 Coconut Oil	代表硬度與清潔度的主要油脂,比例越高清潔度就越高,皂體硬度也高;反之越低清潔度越低,皂體就越軟。	0.184	5%~100%
棕櫚油 Palm Oil	基礎用油,最大優點是增加皂體硬度,但比例不宜過高,太高比例會造成敏感肌膚清潔時的悶熱感,且起泡度也會變差。	0.141	不超過 35% 為主
橄欖油 Olive Oil	入皂基礎用油之一,保濕、滋潤、穩定性好的油品,且油脂包覆力佳,對於乾性肌膚與敏感性肌膚是一個很棒又好取得的配方基礎用油。初榨或是第二道橄欖油,亦可製作於保養品中的油相。	0.134	10%~100%
甜杏仁油 Sweet Almond Oil	適合所有膚質,親膚性絕佳,延展性好,清爽不油膩,是一款連油性肌膚、寶寶、乾性與敏感性肌膚都愛用的油品。	0.136	5%~100%
杏桃核仁油 Apricot Kernal Oil	好搭配油品之一,最愛用此油品與甜杏仁油搭配製作洗面皂款,有改善肌膚暗沉、良好保濕的效果、恢復肌膚光澤的優點。	0.1356	5%~50%
榛果油 Hazelnut Oil	好搭配油品之一,是一款含有豐富礦物質、穩定性佳、清爽不油膩的特色,同時也是油性配方的愛用油。	0.1356	5%~60%
酪梨油 Avocado Oil	適合用於容易受傷、敏感性、乾性的肌膚,具有鎮定和保護皮膚,對肌膚的保濕度好,常用於幼兒手工皂中的配方油品。	0.133	10%~50%
乳油木果脂 Shea Butter	硬油之一,很適合用於脆弱與受傷肌膚,尤其是搭配在幼兒和長輩的配方中,更是適合,也是手工皂中高級油品素材之一。	0.128	5%~60%
可可脂 Cocoa Butter	硬油之一,油脂包覆力比乳油木果脂好,滲透力差,會有包覆一層油脂的保濕感,因此對於龜裂、冬季乾燥肌膚,都很適合搭配。	0.137	5%~25%

印加果油 Sacha Inchi Oil	可減少皺紋、增加彈性，降低皮膚被刺激的頻率，擁有良好的修復效果，防止細菌感染，因此常推薦用在嬰幼兒尿布疹的相關原料上。	0.139	5%~30%
山茶花油 Camellia Oil, Tea Seed	好搭配油品之一。除了在洗髮皂的配方中會提高比例之外，在夏季或是用於油性肌膚時也會提高，主要是此款油脂入皂洗感清爽不黏膩。等級更好的山茶花，也適合應用在清爽型的乳液中。	0.1362	5%~70%
開心果油 Pistachio Oil	好搭配油品之一。起泡度低，常與蓖麻油搭配，清爽不油膩，適合油性肌膚配方之外，添加高比例於洗髮皂中也很適合。	0.1328	3%~20%
葡萄籽油 Grapeseed Oil	屬於清爽型油品，同樣具有美白、保濕、不黏膩的特色，適合任何肌膚，入皂若超過 20% 容易氧化起油斑。挑選妝品等級或是食品級，則適合製作為卸妝油，洗完清爽不油膩，是卸妝用油常見的油品。	0.1265	5%~15%
米糠油 Rice Bran Oil	具有抗氧化、美白功效，一款適合熟齡、受傷肌膚、幼兒敏感型肌膚入皂用油。洗感清爽也不油膩，同樣具有保濕效果，若夏季油性肌膚在設計配方時少用一點即可。	0.128	5%~30%
荷荷芭油 Jojoba Oil	油脂成分接近人體肌膚，具有軟化髮絲、減少分岔、加強保濕...等優良效果，常用於洗髮皂中，少量添加亦適合痘痘肌膚，滲透性好，保濕又除皺，不管是入皂或是 DIY 保養品中都是很高級的用油。	0.069	2%~15%
苦楝油 Neem Oil	用於寵物皂配方中，具有優良的抗菌止癢效果。對於問題肌膚的配方選擇，苦楝油也是一款很棒的搭配型油品。	0.1387	5%~30%
蓖麻油 Castor Oil	含有獨特的蓖麻油酸，起泡度好，單品油脂保濕度也佳，但添加比例過多，容易讓皂體軟爛，可與起泡度較差的配方一起搭配，提高起泡度加強泡沫穩定的洗感。	0.1286	5%~20%

驚喜
皂款

鳳梨酵素活膚皂

台灣鳳梨生產的品質非常好，在南部以高雄大樹與屏東高樹為盛產鳳梨的區域。從鳳梨皮與鳳梨酵素一路發想到產出，孟孟有幸能與屏東小農結合，讓產業小農可以在農務上有不同的發展。

鳳梨酵素最廣為人知的，是它具有恢復傷口的復原功效，以及舒緩緊繃的肌肉和降低關節的傷害。刻意使用紅棕櫚油入皂，主要是加強皮膚修護的效果，另外提高甜杏仁油的比例，也是讓該皂款的使用性更加廣泛。當這款皂一推出後，果然受到許多朋友的愛戴，紛紛仿效作法。

配方比例		油量 (g)	百分比 (%)
使用油脂	椰子油	100	20
	棕櫚油	100	20
	橄欖油	100	20
	紅棕櫚油	50	10
	甜杏仁油	110	22
	蓖麻油	40	8
合　計		500g	
水量	氫氧化鈉	73	
	鳳梨酵素	175	
精油	薄荷精油	2	
	苦橙葉精油	4	
	薰衣草精油	6	
皂 液 入 模 總 重		760	

1. 將鳳梨酵素冷藏，備用。

2. 準備好所有材料、量好油脂、精油與
   氫氧化鈉。

3. 將氫氧化鈉慢慢放入鳳梨酵素中，製
   作鳳梨酵素鹼水。

3.

4. 等待鹼水降溫至 35 度 C 以下，即
   可將鹼水慢慢倒入油脂中，開始攪
   拌 15-20 分鐘，直到皂液呈現 light
   trace 狀。

5. 攪拌直到皂液比 light trace 再濃一點
   時加入精油，繼續攪拌均勻。

6. 觀察皂液且持續攪拌均勻至 trace，
   即可將皂液倒入皂模中。

7. 保溫入模。

8. 等待兩天後脫模。

延伸運用

以下再介紹一種用鳳梨入皂的方法，也就是將削下的鳳梨皮再利用，在孟孟個人創意手工皂產業結合中頗受學校機構青睞。

做法是將鳳梨皮清洗乾淨後放入不鏽鋼鍋中，加進純水使其蓋過果皮，接下來利用文火慢慢熬煮約 1 小時，所得到的鳳梨茶，便可代替水量融鹼入皂。

性質表

香皂的性質	數值 (依照性質改變)	建議範圍 (不變)
Hardness 硬度	36	29-54
Cleansing 清潔力	14	12-22
Condition 保濕力	61	44-69
Bubbly 起泡度	21	14-46
Creamy 穩定度	29	16-48
Iodine 碘價	64	41-70
INS	145	136-165

四季皆宜
手作皂
Soap

夏季檸檬美白沐浴皂

檸檬汁也可以入皂？是的，它可以。屏東縣九如鄉種植檸檬面積是全台之冠，因此被稱為「檸檬之鄉」。但是，隨著檸檬相關產業發達所帶來的環境問題也是一大困擾：榨汁後剩餘的檸檬果肉與檸檬皮，等待被當作廢棄的處理，恰巧在這樣的議題與偏鄉婦女就業的推廣下，具有產業特色的企業客製皂款就此萌芽。

以下教讀者朋友們如何正確使用檸檬入皂：

該皂款製作的重點如下：

❶ 小心削下上層綠色的檸檬皮約 10g，切成細條狀後曬乾，備用。

❷ 用檸檬汁代替水量的 1/3，其餘 2/3 維持原來的純水，使用稀釋後的檸檬汁融鹼。

使用這樣的方式入皂，主要是讓初學者先使用少量檸檬汁製皂，待手法穩定後再提高檸檬汁的濃度，製作出來的成品穩定性也更好。添加檸檬皮是為了讓該皂款凸顯其特色。

縱然入皂的使用量不足以消化大量的廢棄檸檬皮，但能更重視環保，與手工皂的搭配也具有畫龍點睛的推廣效果。在日常生活中也時常有檸檬汁的飲品，若能發想結合加以利用，也可以帶來更大的創意與商機。

配方比例		油量 (g)	百分比 (%)
使用油脂	椰子油	100	20
	棕櫚油	125	25
	橄欖油	75	15
	榛果油	125	25
	葡萄籽油	50	10
	蓖麻油	25	5
合　計		500g	
水量	氫氧化鈉	72	
	純水	92	
	檸檬汁	80	
精油	佛手柑精油	3	
	檸檬精油	6	
	薰衣草精油	3	
後加	檸檬皮	5	
皂 液 入 模 總 重		761	

步　驟

1. 將檸檬汁與純水混合後冷藏，備用。

2. 準備好所有材料、量好油脂、精油與氫氧化鈉。

3. 將氫氧化鈉慢慢放入檸檬汁水中，製作檸檬汁鹼水。

4. 等待鹼水降溫至 35 度 C 以下，即可將鹼水慢慢倒入油脂中，開始攪拌 15-20 分鐘，直到皂液呈現 light trace 狀。

5. 攪拌直到皂液比 light trace 再濃一點時加入精油，繼續攪拌均勻後再加入細細的檸檬皮。

6. 觀察皂液且持續攪拌均勻至 trace，即可將皂液倒入皂模中。

7. 保溫入模。

8. 等待兩天後脫模。

性質表　香皂的性質	數值（依照性質改變）	建議範圍（不變）
Hardness 硬度	34	29-54
Cleansing 清潔力	14	12-22
Condition 保濕力	62	44-69
Bubbly 起泡度	18	14-46
Creamy 穩定度	25	16-48
Iodine 碘價	70	41-70
INS	138	136-165

粉紅玫瑰果美膚漸層皂

除了特殊油脂之外，若沒有添加其他的顏色添加物，成皂所呈現的顏色都是偏黃色或鵝黃色居多。若想要有不一樣顏色的呈現，展現不同美感，考量到若用太多顏色會影響配方，過量添加在沐浴清潔時也會有色料過深的疑慮，因此，只能選擇看起來輕柔簡單又具有變化的淡色質感。

簡單、討喜又不容易出錯的顏色大部分都以淡色系為主，粉紅色是一個很棒又容易被大眾接受的顏色。以不影響洗感與配方的原則下，只要表現出一點點顏色的美感，就能展現出素皂之美。

配方比例		油量 (g)	百分比 (%)
使用油脂	椰子油	126	18
	棕櫚油	140	20
	玫瑰果浸泡橄欖油	140	20
	甜杏仁油	119	17
	杏桃和仁油	140	20
	米糠油	35	5
合　計		700g	
水量	氫氧化鈉	102	
	玫瑰純露	245	
精油	玫瑰天竺葵精油	12	
	快樂鼠尾草精油	8	
	山雞椒精油	4	
添加物	粉色色粉	2	
皂 液 入 模 總 重		1073g	

1. 準備好所有材料、量好油脂、精油與氫氧化鈉。

2. 將氫氧化鈉慢慢放入純水中製作鹼水。

3. 等待鹼水降溫至 35 度 C 以下，即可將鹼水慢慢倒入油脂中，開始攪拌 15-20 分鐘，直到皂液呈現 light trace 狀。

4. 攪拌直到皂液比 light trace 再濃一點時加入精油，攪拌均勻。

5. 從大鍋皂液中倒出 300g 皂液於量杯中，使用粉色色粉調色，攪拌均勻。

6. 將量杯中的 300g 粉色皂液倒入約 150g 於吐司模中。

6.

7. 此時量杯中剩餘 150g 粉色皂液，再加入原鍋 50g 白色皂液，攪拌均勻，此階段量杯中為 200g 粉色皂液。

8. 將步驟 7 量杯中的 200g 粉色皂液取出 50g 粉色皂液，沿著吐司模側邊倒入。

7.

9. 再加入原鍋 50g 白色皂液於量杯中，攪拌均勻。

10. 重複 Step 8 的動作。

11. 重複 Step 9 的動作。

12. 持續重複製作 Step 8 與 Step 9 一直灌滿皂模，剩餘皂液則入小模中。

12.

13. 保溫入模，等待兩天後脫模。

香皂的性質	數值 (依照性質改變)	建議範圍 (不變)
Hardness 硬度	31	29-54
Cleansing 清潔力	12	12-22
Condition 保濕力	65	44-69
Bubbly 起泡度	12	14-46
Creamy 穩定度	19	16-48
Iodine 碘價	71	41-70
INS	135	136-165

遇見美麗彩虹

如何在眾多簡單素淨的皂款中，得到消費者的注目是需要思考的。這款彩虹皂與孟孟前兩本拙作《超想學會的手工皂》、《孟孟的好好用安心皂方》不同，利用不同的技法，以淡色系系列色粉為主，製作時以添加使少的顏料為原則，展現出柔和美。製作的過程當中，也追求隨性風格，只要手法依照書中的流程進行，便可做出相似度 80% 以上的彩虹漸層皂。

[製皂眉角]

首要色粉的選擇與添加，不能使用顏色太重的色粉，調色時也不能放太多，製作時皂液的濃稠度需要掌握好，絕對要避免會加速皂化的油品、香精，甚至精油，一切原料皆以自己熟悉的為主，才不會手忙腳亂喔！

配方比例		油量 (g)	百分比 (%)
使用油脂	椰子油	100	20
	棕櫚油	125	25
	橄欖油	125	25
	甜杏仁油	110	22
	澳洲胡桃油	40	8
合　計		500g	
水量	氫氧化鈉	73	
	鮮乳	45	
	純水	130	
精油	迷迭香精油	3	
	廣藿香精油	3	
	薰衣草精油	6	
皂液入模總重		760	

1. 將純水冷藏，鮮乳製成鮮乳冰塊，備用。

2. 準備好所有工具材料、皂用色粉、量好油脂、精油與氫氧化鈉。

3. 將氫氧化鈉慢慢放入純水中製作鹼水，等待溫度降低到 30 度以下，再將鮮乳冰塊慢慢放入鹼水中溶解。

5.

4. 等待鹼水降溫至 30 度 C 以下，即可將鹼水慢慢倒入油脂中，開始攪拌 15-20 分鐘，直到皂液呈現 light trace 狀。

5. 皂液呈現 light trace 時加入精油，繼續攪拌均勻後，準備調色。

6.

6. 準備七個量杯，每個量杯倒入 120 公克的皂液，分別調出彩虹七個顏色。並且再多準備一個量杯，倒入 120 公克原鍋皂液（白色），共計八個顏色，每個顏色都有 120 公克皂液量。

7. 第一層，沿著模邊倒入約 80g 白色皂液於皂模內，量杯內剩餘約 40g 皂液，取 40g 紅色皂液倒入剩下 40 克的白色皂液中，此為 80g 淡淡紅色的皂液，為第二層。將第二層也沿著皂模邊倒入。

10.

8. 將剩下的紅色皂液 40g 倒入皂模中，此為第三層。此時紅色杯中還剩餘 40g 皂液，加入 40 克橙色皂液，此杯為第四層。

10.

11.

9. 第五層，直接將 40 公克橙色皂液倒入皂模內。此時橙色杯中剩餘最後 40 公克皂液，加入 40g 黃色皂液，此杯為第六層。

10. 第七層，直接將 40 公克黃色皂液倒入皂模內，此時黃色杯中剩餘最後 40 公克皂液，將此加入 40 綠色皂液，此杯為第八層。

11. 依照順序繼續製作綠色⇨藍⇨靛⇨紫。

12. 完成紫色後，將剩下的 40 公克白色皂液填滿紫色上層。

13. 保溫入模。等待兩天後脫模。

性質表 香皂的性質	數值 (依照性質改變)	建議範圍 (不變)
Hardness 硬度	35	29-54
Cleansing 清潔力	14	12-22
Condition 保濕力	59	44-69
Bubbly 起泡度	14	14-46
Creamy 穩定度	22	16-48
Iodine 碘價	64	41-70
INS	145	136-165

冬季黑糖蜂蜜保濕滋潤皂

這是一款結合滋潤、滋養、保濕效果的家庭好皂款。追求皂體穩定使用安全。此為從前兩本拙作中延伸發想的獨特創意皂款，結合了黑糖的抗氧化與修護作用，以及蜂蜜保濕溫和的效果，加強整體配方的特殊性。但添加了蜂蜜的皂體會比一般皂體還要軟，因此脫模與切皂時間，都要比平常多延後 1-2 天，才比較不會傷到皂體喔！

使用開心果油與杏桃核仁油，最主要的目的是在於追求洗感的清爽度，配方中已經使用了黑糖與蜂蜜為基底滋養跟修護的原料，所以洗感中避免悶熱厚重，保持清潔後的清爽度，是本皂款追求的。

不同於《超想學會的手工皂》一書中的洋甘菊黑糖保濕皂，除了技法的提升之外，此款以家庭常見的黑糖來製作水量為基底融鹼，對於肌膚偏乾、喜愛有保濕又清爽感的讀者朋友，會更有驚喜的洗感。

[製皂眉角]

在素皂添加物做法中，製作這款肥皂所需要的細心度是偏高的，使用黑糖水製作鹼水，必須注意的事項是：使用的黑糖量要以水量可以溶解為主，切勿放入太多黑糖，導致黑糖水濃度太高，使用量可參考配方。蜂蜜是濃稠狀的液體，若直接將蜂蜜放入皂液中攪拌肯定容易失敗，除了要嚴格控制添加蜂蜜的量為總油量的 2% 之外，另外需取純水 20g 先溶解蜂蜜成為蜂蜜水，於精油添加後再倒入。

以上兩個重要細節，請於獨立製作時多多留心，才能製作出穩定的黑糖蜂蜜保濕滋潤皂喔！

配方比例		油量 (g)	百分比 (%)
使用油脂	椰子油	75	15
	棕櫚油	100	20
	開心果油	125	25
	杏桃核仁油	125	25
	橄欖油	50	10
	蓖麻油	25	5
合　計		500g	
水量	氫氧化鈉	71	
	黑糖水	170	
精油	佛手柑精油	3	
	迷迭香精油	3	
	乳香精油	6	
添加物	蜂蜜	10	
皂 液 入 模 總 重		763	

步　驟

1. 將黑糖與純水攪拌均勻後冷藏，備用。

2. 注意，黑糖須完全溶解，若有黑糖顆粒請過濾取出。

3. 準備好所有材料、量好油脂、精油與氫氧化鈉。

4. 將氫氧化鈉慢慢放入黑糖純水中製作鹼水。

4.

左杯：黑糖汁融鹼的顏色；右杯：添加物蜂蜜水

5. 等待鹼水降溫至 35 度 C 以下，即可將鹼水慢慢倒入油脂中，開始攪拌 15-20 分鐘，直到皂液呈現 light trace 狀。

6. 攪拌直到皂液比 light trace 再濃一點時加入精油，繼續攪拌均勻後再加入蜂蜜水。

7. 觀察皂液且持續攪拌均勻至 trace，即可將皂液倒入皂模中。

8. 保溫入模。

9. 等待兩天後脫模。

性質表

香皂的性質	數值（依照性質改變）	建議範圍（不變）
Hardness 硬度	28	29-54
Cleansing 清潔力	10	12-22
Condition 保濕力	70	44-69
Bubbly 起泡度	15	14-46
Creamy 穩定度	22	16-48
Iodine 碘價	74	41-70
INS	129	136-165

四季皆宜
手作皂
Soap

茶樹抗菌痘痘皂

痘痘煩惱惹人厭，相信這是很多青少年的肌膚困擾，此時正逢油脂分泌旺盛階段，痘痘肌膚也跟著出現，面對這類油脂分泌旺盛肌膚的皂方，需特別注意滋潤度別太高，以能調製適當的清潔度和清洗後的舒爽度為主。

對付痘痘肌的原料，第一個想到的就是茶樹，除了配方中使用茶樹精油之外，水量刻意全部都使用茶樹純露來融鹼，而具有保濕功效的橄欖油特意降低，相對的把具有清爽的山茶花和葡萄籽油都提高許多，讓油性肌膚的朋友，不論在洗臉或是沐浴，都能感受到舒適洗感。

雖然成本提高很多，但這幾年來使用者和測試者對於該配方都感到非常滿意，因此這款皂方一定要跟大家分享。

配方比例		油量 (g)	百分比 (%)
使用油脂	椰子油	110	22
	棕櫚油	100	20
	山茶花油	100	20
	甜杏仁油	65	13
	橄欖油	50	10
	葡萄籽油	50	10
	蓖麻油	25	5
合 計		500g	
水量	氫氧化鈉	73	
	茶樹純露	175	
精油	薰衣草精油	3	
	茶樹精油	5	
	山雞椒精油	4	
皂 液 入 模 總 重		760	

1. 將純露與純水冷藏，備用。

2. 準備好所有材料、量好油脂、精油與
   氫氧化鈉。

3. 將氫氧化鈉慢慢放入茶樹純露中製作
   鹼水。

4. 等待鹼水降溫至 35 度 C 以下，即
   可將鹼水慢慢倒入油脂中，開始攪
   拌 15-20 分鐘，直到皂液呈現 light
   trace 狀。

5. 攪拌直到皂液比 light trace 再濃一點
   時加入精油，繼續攪拌均勻。

6. 觀察皂液且持續攪拌均勻至 trace，即
   可將皂液倒入皂模中。

7. 保溫入模。

8. 等待兩天後脫模。

3.

茶樹純露融鹼的顏色

性質表 香皂的性質	數值 (依照性質改變)	建議範圍 (不變)
Hardness 硬度	33	29-54
Cleansing 清潔力	15	12-22
Condition 保濕力	62	44-69
Bubbly 起泡度	19	14-46
Creamy 穩定度	23	16-48
Iodine 碘價	67	41-70
INS	143	136-165

牛蒡抗屑洗髮皂

牛蒡的營養價值在市場上非常受歡迎，尤其是在食品界中得到許多民眾的青睞。開發此款著實與學校機關企業少不了關係，孟孟在一次的學校教學企劃會議中，決定編寫牛蒡手工皂系列配方，其中以洗髮皂最令人期待。主要原因是牛蒡具有修護毛鱗片與抗頭皮屑功能，清潔後可以明顯感受到頭皮洗淨且清新舒爽。同時也具有活化頭皮的功效，添加在洗髮配方中非常適合，並且具有在地農作產業推廣效益的元素，是一款非常受歡迎的皂方。

配方比例		油量 (g)	百分比 (%)
使用油脂	椰子油	125	25
	棕櫚油	110	22
	山茶花油	150	30
	開心果油	50	10
	荷荷芭油	25	5
	蓖麻油	40	8
合　計		500g	
水量	氫氧化鈉	72	
	牛蒡汁	172	
精油	廣藿香精油	5	
	雪松精油	3	
	迷迭香精油	4	
皂 液 入 模 總 重		756	

1. 將牛蒡清洗切片後倒入純水中，煮滾後再小火熬煮約 30 分鐘，過濾牛蒡片取得牛蒡汁冷藏，備用。

2. 準備好所有材料、量好油脂、精油與氫氧化鈉。

3. 將氫氧化鈉慢慢放入牛蒡汁中製作鹼水。

4. 等待鹼水降溫至 35 度 C 以下，即可將鹼水慢慢倒入油脂中，開始攪拌 15-20 分鐘，直到皂液呈現 light trace 狀。

5. 攪拌直到皂液比 light trace 再濃一點時加入精油，繼續攪拌均勻。

6. 觀察皂液且持續攪拌均勻至 trace，即可將皂液倒入皂模中。

7. 保溫入模。

8. 等待兩天後脫模。

牛蒡汁融鹼的顏色

性質表 香皂的性質	數值 (依照性質改變)	建議範圍 (不變)
Hardness 硬度	35	29-54
Cleansing 清潔力	17	12-22
Condition 保濕力	56	44-69
Bubbly 起泡度	24	14-46
Creamy 穩定度	25	16-48
Iodine 碘價	58	41-70
INS	148	136-165

奢華蜂王乳低敏皂

這配方的皂款，對於肌膚非常乾燥且需要更多保濕度的讀者朋友們，實實在在是一大好皂！洗感更滋潤，清潔肌膚後更能明顯感受到皮膚「咕溜咕溜」的觸感，可以說是一款頂級配方了。

蜂王乳在飲食健康中具有許多優良的效果，尤其是對於更年期前後的女性朋友效果顯著。在恢復肌膚彈性，以及保持肌膚滋潤度方面也很有助益。但並不是每個人都能食用喔！例如低血壓、正值服藥患者、對花粉或是蜜蜂過敏的人、懷孕或哺乳媽媽...等，食用前請詢問醫生。製成手工皂外用則較無此顧慮。

製作此款皂有許多運用的方法，在這裡介紹兩種方便讀者運用的做法：

❶ 可以用牛奶代替 1/3 量的純水。

❷ 添加 5% 蜂王乳是最好操作的範圍，建議添加上限為 8%，因為超過 5% 會讓皂體偏黏膩，很難脫模，因此入模後續的流程才是最大的挑戰。晾皂期建議達半年以上會更好洗，但缺點是泡泡很少，其中並沒有刻意提高起泡度，是因為怕影響蜂王乳的洗感。該款配方與添加物比較特殊，還是維持平常使用概念配方邏輯為要素。

配方比例		油量 (g)	百分比 (%)
使用油脂	椰子油	75	15
	棕櫚油	75	15
	橄欖油	125	25
	乳油木果	75	15
	甜杏仁油	50	10
	澳洲胡桃油	50	10
	蓖麻油	50	10
合　計		500g	
水量	氫氧化鈉	71	
	純水	170	
精油	玫瑰天竺葵精油	6	
	花梨木精油	3	
	醒目薰衣草精油	3	
	蜂王乳	25	
皂液入模總重		778	

步驟

1. 挖取蜂王乳 25g，先加入 30g 的純水中，溶解備用。

2. 準備好所有材料、量好油脂、精油與氫氧化鈉。

3. 將氫氧化鈉慢慢放入純水中製作鹼水。

4. 等待鹼水降溫至 35 度 C 以下，即可將鹼水慢慢倒入油脂中，開始攪拌 15-20 分鐘，直到皂液呈現 light trace 狀。

5. 攪拌直到皂液比 light trace 再濃一點時加入精油，繼續攪拌均勻後再倒入步驟 ❶ 蜂王乳水的原料，繼續攪拌均勻。

6. 觀察皂液接近 trace 時，打蛋器換成刮刀，且輕柔攪拌，將皂液中的氣泡撈出消泡，保持皂體細緻。

7. 觀察皂液且持續攪拌均勻至 trace，即可將皂液倒入皂模中。

8. 保溫入模。

9. 等待兩天後脫模。

性質表 香皂的性質	數值 (依照性質改變)	建議範圍 (不變)
Hardness 硬度	32	29-54
Cleansing 清潔力	10	12-22
Condition 保濕力	64	44-69
Bubbly 起泡度	19	14-46
Creamy 穩定度	31	16-48
Iodine 碘價	73	41-70
INS	128	136-165

台灣好茶皂

這是一個把飲茶的文化加以推廣跟發展的皂款。如同《超想學會的手工皂》一書中曾經分享過的「咖啡角質沐浴皂」，在茶藝文化中增添了不同領域的溫暖美感。重視喝茶習慣的朋友，相信喝過的廢棄茶葉也頗可觀，茶葉渣回收再利用的妙方許許多多，而把茶葉渣添加入皂並不困難。另外還有個作法是將茶葉葉渣濾出後，將葉渣中的水分先擠乾，再將其用電動打蛋器或是果汁機打成泥狀，在最後入模前添加以增加皂款的特殊性。

茶葉本身就可以去油膩，所以在設計配方時，起初是以去除油脂提高清潔度為主，運用油脂特色搭配，追求質感清爽也能提高肌膚舒適度。此皂款一般適用於夏季、油性肌膚，或者容易流汗的朋友清潔沐浴。

生活小妙用

❶ 泡澡時在浴缸內放入些許茶葉渣，淡淡茶香可消除疲勞，亦能泡腳促進血液循環。

❷ 可將茶葉渣中的水分擰乾，用餐巾紙包起來放在冰箱中，也能消除異味。

❸ 將茶葉渣放在泡泡網袋中搓洗碗盤，也能去除碗盤上的油膩。

配方比例		油量 (g)	百分比 (%)
使用油脂	椰子油	115	23
	棕櫚油	110	22
	橄欖油	110	22
	山茶花油	100	20
	米糠油	40	8
	小白花籽油	25	5
合 計		500g	
水量	氫氧化鈉	73	
	茶葉水	175	
精油	茶樹精油	6	
	葡萄柚精油	3	
	佛手柑精油	3	
皂 液 入 模 總 重		760	

步 驟

1. 將泡過味道比較淡、即將丟棄的茶葉再次利用，浸泡於熱水 (需用純水) 中約 30 分鐘，過濾茶葉渣後冷藏備用。

2. 準備好所有材料、量好油脂、精油與氫氧化鈉。

3. 茶葉渣請先擰乾，用電動打蛋器、果汁機，或是水果刀盡量切碎或打碎。

4. 將氫氧化鈉慢慢放入茶葉純水中製作鹼水。

5. 等待鹼水降溫至 35 度 C 以下，即可將鹼水慢慢倒入油脂中，開始攪拌 15-20 分鐘，直到皂液呈現 light trace 狀。

6. 攪拌直到皂液比 light trace 再濃一點時加入精油，繼續攪拌均勻後再加入茶葉渣。

7. 觀察皂液且持續攪拌均勻至 trace，即可將皂液倒入皂模中。

8. 保溫入模。

9. 等待兩天後脫模。

性質表

香皂的性質	數值 (依照性質改變)	建議範圍 (不變)
Hardness 硬度	37	29-54
Cleansing 清潔力	16	12-22
Condition 保濕力	59	44-69
Bubbly 起泡度	16	14-46
Creamy 穩定度	22	16-48
Iodine 碘價	61	41-70
INS	148	136-165

毛小孩專用苦楝抗菌皂

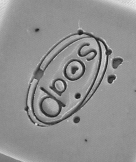

2017 年夏天，孟孟家來了一隻可愛的米克斯貓咪，我們也很習慣的讓牠使用自製的手工皂清潔沐浴。毛小孩全身細毛又容易躲藏跳蚤與小病菌，所以必須從搭配油品配方中來達到清潔、抗菌與乾爽的目的。

苦楝油中含有特殊的氣味，是跳蚤和小病菌最不喜歡的味道，其中苦楝油含有特殊的「印楝素」，具有驅蟲、抑制細菌與抗黴菌的功效，是安全天然的抗菌元素。再加上一點點的蓖麻油提高起泡度，會讓主人在清潔毛小孩時起泡度更好，更容易洗淨。

配方比例		油量 (g)	百分比 (%)
使用油脂	椰子油	125	25
	棕櫚油	100	20
	苦楝油	100	18
	甜杏仁油	60	12
	山茶花油	100	20
	蓖麻油	15	3
合 計		500g	
水量	氫氧化鈉	74	
	苦楝汁	177	
皂 液 入 模 總 重		751	

步 驟

1. 將苦楝樹清洗後放置不鏽鋼鍋中，倒入純水。以純水淹沒枝葉，煮滾後再小火熬煮約 30 分鐘，過濾枝葉取得苦楝汁冷藏，備用。

2. 準備好所有材料、量好油脂、精油與氫氧化鈉。

3. 將氫氧化鈉慢慢放入苦楝汁中製作鹼水。

4. 等待鹼水降溫至 35 度 C 以下，即可將鹼水慢慢倒入油脂中，開始攪拌 15-20 分鐘，直到皂液呈現 light trace 狀。

5. 當皂液再稍微濃稠一點時，繼續攪拌均勻。

6. 觀察皂液且持續攪拌均勻至 trace，即可將皂液倒入皂模中。

7. 保溫入模。

8. 等待兩天後脫模。

性質表

香皂的性質	數值（依照性質改變）	建議範圍（不變）
Hardness 硬度	40	29-54
Cleansing 清潔力	17	12-22
Condition 保濕力	55	44-69
Bubbly 起泡度	22	14-46
Creamy 穩定度	27	16-48
Iodine 碘價	58	41-70
INS	155	136-165

耕源國際企業社

植物油/精油/手工香皂/保養品/香氛
蠟燭/植萃/模具/工具/藝術皂章/課程

竹北市光明九路163號/03-5585822

Line@　　賣場

香港手作肌膚護理品電子商貿平台

•手作品•原材料•器材•工作坊

歡迎各地
手作家、供應商及導師加盟